SLOW MADEな服づくり

nest Robe / CONFECT

nest Robe

SLOW MADE IN JAPAN

CONFECT

〈nest Robe〉誕生から15年。本音を言えば繊維産業に携わる中小企業としての生き残りをかけて、ここまで必死に一生懸命やって来ました。そのなかで、さまざまな産地で同様に頑張る人々と出会い、助けられ、15周年を迎えることができたのだと思っております。

また、弊社の取り組みに共感し応援してくださる多数の顧客様にも恵まれ、〈nest Robe〉も順調に成長してきたのだと考えております。

各産地の取引先企業の皆様、そして顧客様には感謝の意に堪えません。

15周年の記念に何がふさわしいか、みんなで考えました。その結果、お世話になっている企業様のこだわりや取り組みを紹介し、その素晴らしさを世の中に知っていただくことだと考えました。それが各企業様への恩返しとなると同時に、顧客様にも〈nest Robe〉をより深く知っていただく機会になるのではないかと思い、本書の発行に至りました。

平成31年1月の経済産業省が発表した国内繊維産業の現状は、かなり厳しいものです。繊維事業所数及び製造品出荷額が、ともに1991年比で25%となっています。一方で輸入浸透率は97.6%にまで増え、日本国内で消費される繊維製品の国内生産比率はなんと2.4%まで下落。しかし世界的にみると、繊維産業は成長産業であり、2025年まで年率平均3.6%の成長が見込まれています。これを踏まえて〈nest Robe〉では海外のお客様に向けて、2018年に越境ECを立ち上げました。そのスタートとしてニューヨークのノリータにショールームをオープン。徐々にですが、アメリカ国内はもとよりヨーロッパや東南アジアなどの顧客様も増えてきております。また、2020年8月には中国1号店となる北京三里屯太古里店をオープンしました。

2020年のコロナ禍によって、社会は大きく変わっていくと考えております。環境問題や企業のサスティナブルな取り組みも、より重要視されるようになっていくでしょう。〈nest Robe〉ではこれまでにも、2019年に増築した徳島工場（T・Mコーポレーション）において、太陽光発電や高効率で排気がきれいなガスボイラーの採用、地産地消となる地元の木材を床材に使用する、といったサスティナブルな取り組みを行ってまいりました。また製品においては、お客様の安心安全のために、コロナ禍が終息するまでの間、可能な限りすべての製品に抗菌抗ウイルス加工を施して提供することを決定しました。

そして、2018年度日本のアパレルの定価での販売率が納品量の46.6%まで低下しているなかで、〈nest Robe〉では昨今問題になっている製品の廃棄処分は全くありません。それは以前から商品を売れる量だけ生産するというスタンスで営業してきたゆえ。さらにその歩みを一歩進めるため、製作する際に必ず出る裁断くずに着眼しました。裁断くずから糸を作り、その糸で再び生地を作り、その生地で製品を作るといういわゆるサーキュラーエコノミーを完成させました。このシリーズを〈UpcycleLino〉と名付け、2021の年春には商品をお届けできる予定です。

これからも〈nest Robe〉では、日本の産地のいろいろなノウハウを持った企業様と取り組みながら、共存共栄を図り共に成長し、可能な限りサスティナビリティを考え、歩んでいきたいと考えています。

nest Robe / CONFECT Founder 北之坊敏之

Contents

7 1枚の服ができるまで
17 nest Robe HISTORY
24 about LINEN
26 撚糸　赤尾撚糸
34 紡績　大和紡績
40 製織　シバタテクノテキス
52 編立　東紀繊維
60 製織・卸販売　AKAI
70 製織　マルナカ
80 縫製　T・Mコーポレーション
88 製品染色・後加工　HANGLOOSE
96 編立　吉岡広一靴下
102 染色　風光舎
108 染色　澤染工

114　整理　大長
122　染色・製織　ショーワ
123　染色　山陽染工
124　テキスタイルメーカー　フェーデレグノ
125　レース刺繍　エルワークス
126　紡績・ニットメーカー　佐藤繊維
127　卸販売　中山商店
128　オゾン脱色
129　ネストローブのこだわり
136　nest Robe／CONFECT ARCHIVE COLLECTION
178　サーキュラー・エコノミーが実現するまで
186　nest Robe International　NYC
188　nest Robe International　Beijing
190　Special topics

special thanks

TEIKOKU SEN-I CO.,LTD./ AKAO NENSHI Co.,Ltd. / Daiwabo Co.,Ltd. / Shibata Technotex Co.,Ltd. / TOKI SEN-I Co.,Ltd. / AKAI Inc / KYOTO ASA ORIMONO Inc / Marunaka Textile / T·M Corporation / HANGLOOSE Co.,Ltd. / YOSHIOKA HIROKAZU SOCKS / TAMAI SHOTEN Co.,Ltd. / KAZEKOSHA / Dye-Works Sawa / DAICHO CO.,LTD. / SHOWA Co.,Ltd. / SANYO SENKO Co.,Ltd. / FEDE LEGNO Co.,Ltd. / ELworks / Sato Seni Co.,Ltd. /Nakayama & Co.,Ltd. / Shinnaigai Textile Ltd. / Maru-m Oishi Orimono / DAIEIKNIT Co.,Ltd. / HANWA Co.,Ltd. / Nagaryo Knit / TAKEMI CLOTH Co.,Ltd. / OYAGI Co.,Ltd. / YAGI & CO.,LTD. / ICHIMEN CO.,LTD. / semoh / INOYA Co.,Ltd. / GLASTONBURY LIMITED. / GMT inc. / feltico / ONE KILN CERAMICS / bm + e (baba megumi + edition) / Tiny N (Noriko Okamoto) / JAL"AGORA" / LES VISITEURS DU SOIR

1 枚の服ができるまで

糸を紡ぎ、仕上げの風合いに合わせて撚り

経糸の本数、長さ、張力などを整え、
緯糸を入れるための綜絖、筬差しを準備し

織り上げて生地にする

型を取って裁断し

縫い上げる

仕立てた服を染めたり、洗いにかけて

商品となる。
これを着込んでいくことで
〈ネストローブ〉の服は完成する。

SLOW MADE IN JAPAN

Made with a mindful effort towards Sustainability and Circular Fashion.

Established in 1950 as a sewing house, our garments have been meticulously designed and crafted locally in Japan using the finest natural materials, most preferably high-quality linen.

We are a small environmentally conscious brand. Our brand philosophy focuses on conscious, sustainable and circular fashion based on our MONOZUKURI, a Japanese cultural term describing the traditional approach to producing quality products with precise attention to detail and made with the experience and expertise of artisans.

SLOW MADE means our brand-defined MONOZUKURI is our ideal high standard towards taking a slower, more mindful approach, utilizing natural materials and environmentally friendly processes for our production without compromise. Our goal is to create high quality and timeless fashion pieces through our MONOZUKURI and to offer our customers the confidence that they are acquiring a truly sustainable product.

Our various efforts toward a sustainable circular fashion may still be insufficient however, we can definitely make a change if we continue staying environmentally conscious. We will keep on striving for the lowest possible environmental impact in our production and in our operations.

nest Robe History

nest I
UTILITY CLOTHES
using fine natural Material

In closet, full of

hanging clothes from

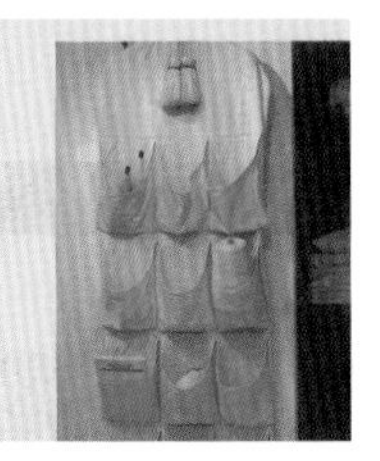

below, **R & D** Linen gaze double face blanket. black block check with navy gingham check in back *23,100* yen.

工場がブランドを始めるということ

〈ネストローブ〉というブランド名は、心地よさを感じる巣＝ネストと、ローブという大人にこそ似合うもの、重ね着するもの、を組み合わせた造語。1950年創業のアパレル向けの縫製工場を営んでいた〈ネキスト〉が、2005年にスタートさせた。でもいったいなぜ、工場が自社ブランドを始めたのだろうか。

きっかけは、アパレル業界の生産が中国へシフトしたことによる不況だった。洋服自体の単価が下がってきたことによって、アパレルの生産現場も労働コストの安い中国をはじめとした外国へ移行したのだ。インポートの高級なものをセレクトしているようなメーカーの商品でも、右へ倣えと言わんばかりに価格は下落していった。

例えば、こだわりの上質なアイテムを提案することで人気を博していた、セレクトショップメーカー。あるとき、〈ネキスト〉は国内でしかできない上質な生地でジャケットのサンプルを作ってプレゼンした。かかる経費は1着4万5千円。ところが「市場では2万円でしか売れない。だから同じようなものを中国で作ってきてくれ」と言われてしまったそうだ。いいものを作っても売れないという価格競争の時代になり、生産量は増えたが単価は安くなっていく。すると、生産現場の人件費が賄えなくなってくる。産地はどんどん疲弊していった。結果、毛織物の産地である尾州も、デニムの産地である岡山も、生産量が往年の1/5にまで落ち込んでしまったのだ。

nest Robe

Vol. V

実際、注文が増えたところで、工場で1日に生産できる量は限られている。しかも生産時期には波があり、ピーク時には総動員で徹夜作業するけれど、閑散期には仕事がない。徹夜したところで、単価は決まっているので残業代を出すこともできない。アパレル業界が元気だった頃は、閑散期に来年の春モノを先にオーダーし、無理な負担がかからないようにフォローしてくれていた。でも、メーカーにその余力がなくなってしまっていた。最終価格が決まってるから、逆算的に工場に支払われる価格も決まってしまう。でも納期も数も無理がある……。こうして大手アパレルブランドにつぶされた工場は多い。何百人もが失業し、命を絶った工場主もいるという。完全に負のスパイラルだった。

ピンチをチャンスに起死回生の策

折しも欧米のアパレル業界では、SPA（specialty store retailer of private label apparel）というスタイルが話題となっていた。企画から製造、小売までを一貫して行うことをいう。これなら、生産現場も安定できるかもしれない。

長年の経験によって、技術は蓄積されていた。もともとは縫製業専門だったけれど、長く続いた不況時代によって、メーカーからなにもかも頼まれるようになり、パターンから生地探し、デザインまでをも手掛けるようになっていたのだ。品質もスピードもどこにも負けない技術がある。仕事の負荷が

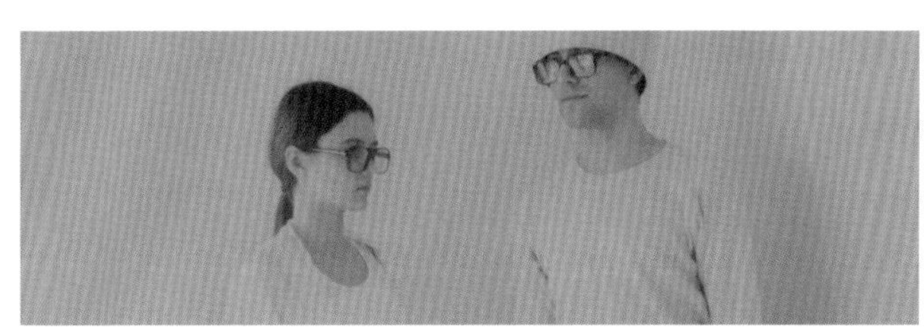

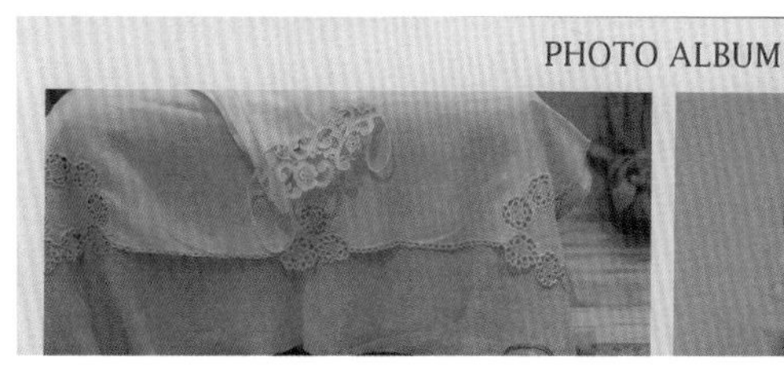

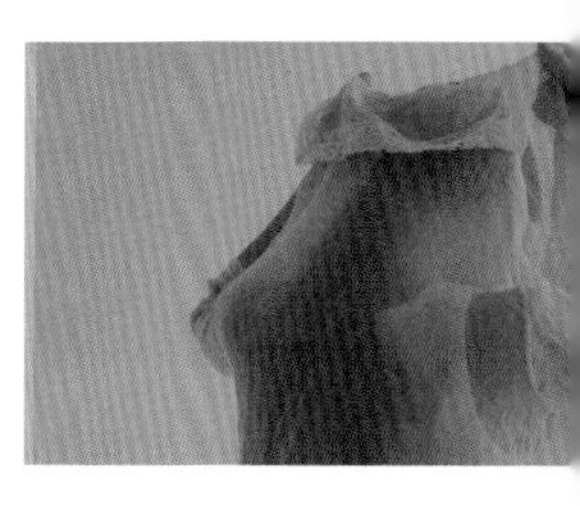

増えていくにもかかわらず、工賃は上がらぬままならば、「座して死を待つ」よりも直営事業を始めてみよう。

今までの顧客がライバルになるということは、なかなかハードなことだ。さまざまなブランドの下請けをやってきたなかで自分たちがわかっていることは、上質なものは長く着られるということ。付き合いのある工場が作る上質なものは、市場で売れない高価格になってしまうということ。ならば、その上質なものがどうしたら売れるかを考えればいい。世の中では、売れなければ価格を下げようとする。安くすれば一時的には売れるかもしれないけれど、負のスパイラルに陥ってしまうことは骨身に染みてわかっていた。

最初は青山店、次いで自由が丘店、吉祥寺店をオープンした。最初から決めていたのは、天然素材を使った服を日本の産地で作るということ。流行の移り変わりが早いテイストではなく、天然素材でトラッドなテイストの服を作っていれば、少しずつ価値が認められると信じていた。とはいえ、最初は大赤字。

ブランドがスタートして2年目の秋、〈ネストローブ〉のディレクターが、どうしてもリネンのコートを作りたいと言った。当時、リネンは春夏ものと考えられていたにもかかわらず、秋冬アイテムであるコートを作りたいと言う。3回ほど却下したが、それでも作りたいと粘る。それならやってみるかと厚手のリネンで作ってみたところ、なんとそのコートが大ヒットしたのだ。それを買った人が、次のシーズンにも「あのコートがよかったから、同じ生地のパンツやシャツはありませんか」「ワンピースも欲しい」とリクエスト

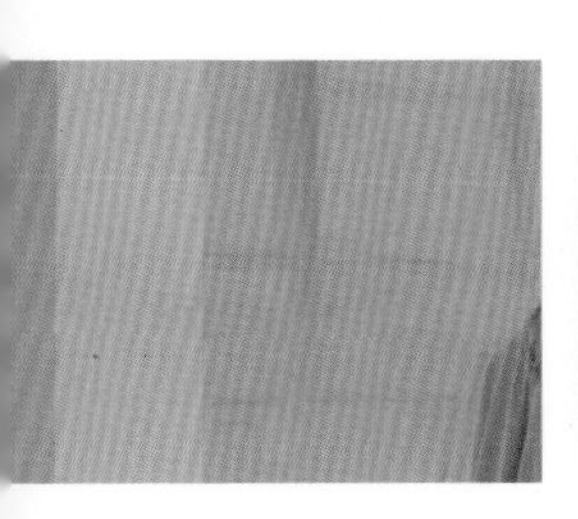

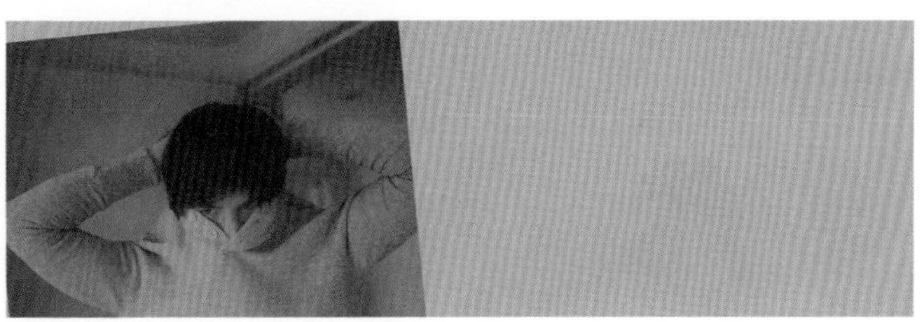

をくれる。そうして、顧客の声を聞きながら、〈ネストローブ〉のアイテムはリネンに特化するようになっていった。

ちょうど、ナチュラルなものを求めていた時代の流れともリンクした。雑誌にも登場することが増え、ファンがどんどん増えていった。流行になってしまうのは怖いということも知っているため、「原点に戻ろう」という気持ちから、トラッドスタイルのメンズブランド〈コンフェクト〉を立ち上げた。レースやフリルが人気アイテムとなってきたけれど、そこにメンズのジャケットや革靴を合わせるスタイルが、本来、目指してきた〈ネストローブ〉のスタイルだから。

下請け時代には、価格がネックで使えなかった生地でワンピースも作った。ゆったりとしたパターンが特徴の〈ネストローブ〉の服は、たくさんの生地を必要とするからさらに高額になってしまう。だけど、一度本当に納得のいくものを作ってみたかった。結果、3万円を超えてしまったけれど、納得して買ってくれた人がたくさんいた。草木染めも、普通の染色に比べると2～3倍かかってしまうけれど、作ってみたら売れた。本当にいいものは、消費者にも伝わっている。日本でしかできない繊細なテクニックと材料を使った服づくりが喜んでもらえる。それは、企画から販売までを一貫して行うファクトリーブランドだからこそできたことでもある。とことん着心地にこだわり、顧客にとって価値のある一着をリーズナブルな価格で提供できる。これは大手ブランドには絶対に真似ができないことなのだ。

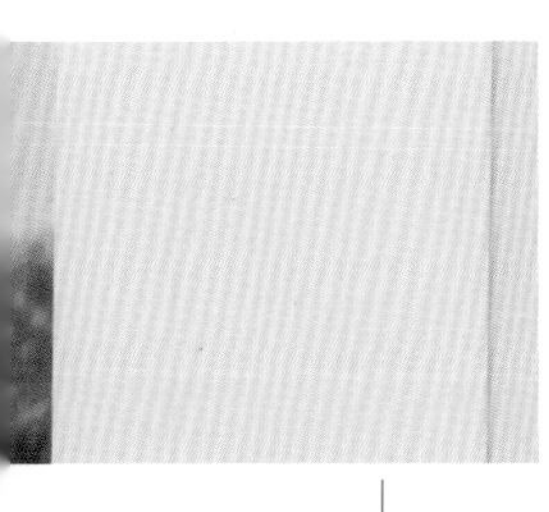

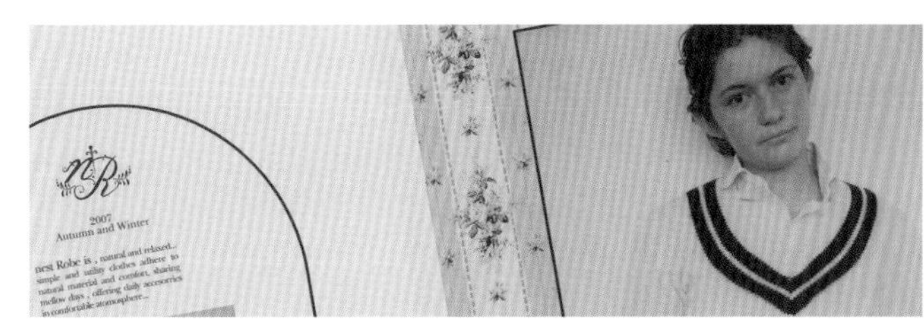

nest Robe
2006
ural and relaxed... simple and utility
mellow days, offering daily accesorri
1st.Anniv
CONTENTS
nest I 2-3 UTILITY CLOTHES using fine natural material
nest II 4-5 AT HOME feel at home with family
INTERVIEW 6-7 QUESTION-AND-ANSWER to five designers
nest III 8-9 THE RELAXED STYLE offers you the inspiration
PORTRAIT 10-11 nest Robe STYLE establishing self-style
nest III 12 PHOTO ALBUM staying at Hotel

only. All purpose LT.Utility clothes using fine
nest
Robe
Wrap you in
warmly.
nest Robe is, natural and relaxed...
d utility clothes adhere to natural material and comfort,
sharing mellow days,
ring daily accesorries in comfortable atomosphere...
Vol.III
2007
SPRING & SUMMER

ブランドを存続させるために産地を守っていく

始めた当初から、〈ネストローブ〉が願っていることは変わらない。いちばんに優先したいのは、工場のこと。どんなに売れたとしても、工場が一気に倍の数を作れるわけではない。無理をさせず、正統な価格を支払って、よい関係を続けていきたい。15年かけて、じっくり作り上げてきたこのスタイルで、取引先の工場へ支払う加工賃も上がった。ボイラーや新しい機械を導入できるようになり、生産効率も上がった。膨大な利益はないけれど、少しでも利益があれば続けられる。だから、コストを気にするよりも正しい価格をつけて、顧客に買ってもらう努力をしていく。

〈ネストローブ／コンフェクト〉の社員は、入社後にまず生地の勉強をする。安いものではないから、最初から買ってもらわなくていい、と販売スタッフには伝えているそうだ。きちんとその服のよさをわかってもらってから、納得してから買ってほしい。わかる人には「これだけの質のものがこの価格なら安い」ということがわかるから。ぎりぎりの価格設定だから、セールもしない。手仕事や自然素材、着心地といった理想を追求しつつ、ビジネスとして成立させることは可能なのだと、15年かけて証明してきたのだ。

about LINEN

「人類最古の繊維」といわれるリネンの始まりは、なんと3万年前の西アジア。チグリス・ユーフラテス川の流域で栽培されていたほか、エジプト王国では“Woven Moonlight（月光で織られた生地）”と呼ばれ、広く神事にも使われていたそう。やがて海を渡り、中世ヨーロッパに根づいたリネン文化は、英国・北アイルランドで磨かれ、その品質の高さは世界的に認められるように。ヨーロッパでは嫁入り道具のひとつとされていたことからも、リネンが暮らしの豊かさを象徴する特別な繊維であることがわかる。今日でも、英国王室をはじめ、世界の正式な晩餐会のテーブルなど、伝統や格式が必要とされるシーンに使われているのもリネンである。

リネンの原料は、フラックス（flax）という名の亜麻科の一年草。一般的に麻として知られているラミーやジュート、ヘンプなどは、別の植物を原料としている。ベルギーやフランスが良質な生産国として知られており、連作はせずに6、7年ご

Copyright TEIKOKU SEN-I CO.,LTD. All Rights Reserved.　www.teisen.co.jp

との輪作を行うため、収穫量には限りがある。6月頃に青紫色の可憐な花をつけるが、花は日の出とともに咲き始め、正午を待たずして儚く散ってしまう。花が散った後、ゆっくりと太陽の下で乾燥したフラックスが金色に輝き始めたら、収穫の合図。引き抜いて地面に寝かせ、雨露で不要な部分を腐らせることで、繊維を分離させる。機械で叩いて繊維を取り出し、多くの手間をかけて細い糸を紡いでいくのだ。

こうしてできたリネンは、吸収性・発散性に優れており、独特の滑らかさとしっとりした優雅な光沢がある。天然繊維のなかで最も丈夫であり、濡れると強さが一層増すため、繰り返しの洗濯にも耐えてくれる。また、夏は涼しげな肌触りが喜ばれ、冬は中空の繊維に含まれた空気が暖かさを保ってくれる。オールシーズンに適している優秀な素材なのだ。

株式会社　赤尾撚糸

すべての土台となる
糸を撚る仕事

The fundamentals of garment production
the work of twisting yarn

TWIST YARN
AKAO NENSHI Co.,Ltd.

布を織るためには、紡績でひいた糸を撚り合わせる作業が必要となる。糸は撚り合わせることで強度が出て、しなやかになるのだ。繊維産業が盛んだった岐阜県内には、かつて400社以上の撚糸工場があったという。しかし、撚糸の加工技術やノウハウが海外へ流出。繊維産業のほかの工程と同様、海外へシフトしてしまったため、今はごくわずかな会社が残るのみとなってしまった。

撚糸専門業社〈赤尾撚糸〉は、長年、蓄積された高い技術力により、ほかでは真似のできない独特の技術をたくさん持っている。糸は、撚りをかける回数や方向を変えることで、その糸で作られる生地の風合いや質感が変わってくるのだ。例えば強く撚りをかけた糸だと、シャリ感のある生地になる。同じ色、同じ番手の糸でも、撚り方が違うだけで、色の見え方が変わる。なかには、今は〈ネストローブ／コンフェクト〉だけが注文しているという撚糸もある。“壁撚り”といって、太い番手の綿麻糸と細い番手の綿糸を撚り合わせる技術だ。太い糸は撚りが戻って膨らみ、細い糸は撚りが増えて締まるので、この糸を使うと、布にぽこぽことした表情が出るのだという。塗り壁の風合いに似ていることからの命名で、素材のブレンドを変えることで、ま

た表情が微妙に変わってくる。

「昔は糸の太さが均一じゃなかったから、番手違いのものを組み合わせる技術もあったんですね。最近、また注目されてきているようです」と常務の赤尾博臣さん。

つまり、この糸で織った生地はヴィンテージのような風合いがあり、古着っぽいニュアンスの服が作れるというわけだ。風合いは生地の加工で出すこともできるけれど、糸からこだわると、より繊細な表情を作り出せる。

シンプルな作業から新しい発想が生まれる

撚糸の工程はシンプルだ。まずは原糸を引き揃え、大きなボビンに巻き取る。それを別の機械にセットして、撚り合わせる。

「番手が違うもの同士を撚るときは、張り方を細かく調整します」

今は多種多様な撚糸が行われているうえ、従来になかった新しい繊維（原糸）もどんどん開発されている。それに対応する新しい撚糸方法を研究したり、気になった糸を分析して試作してみたりと、日々、撚糸を探究している。

「撚糸は基本的に受注仕事ですし、賃金も安い。洋服を作るための仕事だけど、服を作る人と直接繋がっていないから、何を求められているかはっきりわかるわけじゃない。だけど2年前、こんなのできますよ、と壁撚りの糸

を見せたら、〈ネストローブ〉さんだけが目を留めて、採用してくれたんです。うれしかったですね」

布の表面効果に影響する糸も、最近でこそ注目されるようになってきたが、少し前までは見向きもされなかったという。

「今は新しい素材も増えてきて、ときには難しいと感じることもあります。だけど、断ることはありませんね。注文されたら、できるかどうかわからないけれど、やってみたいと思うんです」

取材の終わりがけに、「実は最近、こんな糸ができたんですよ」と赤尾さんが新しい撚糸を見せてくれた。包帯の技術からインスピレーションを得た、超強撚糸だそうだ。

「1分間に8mくらいしか作れないんですが、撚りだけでこんなに伸縮性が出るんですよ」

作りたいものを作っても、決して売れるわけではない。だけど〈ネストローブ／コンフェクト〉は、そんな職人魂に興味を持ち、工場と一緒に考えるブランドでありたい。なにかを提案してくれたら、そのチャンスを生かして面白いことをやりたい。そして、それができるのは、〈ネストローブ／コンフェクト〉が、工場と近しいブランドだから。自身がファクトリーブランドだからこそ、現場の大変なことがわかるし、可能性を広げていきたいと思っているからなのだ。

まるでヴィンテージ生地のような風合いの天竺生地は、〈赤尾撚糸〉で太番手糸と40番単糸のムラ糸を壁撚りにしたことで、さらに凹凸のある表情が生み出されたもの。製品に染色加工を施すことによって、壁撚り糸による陰影の効果がよりいっそう高まり、色彩にニュアンスが出ている。

大和紡績株式会社

ウール生地のための原毛を
原料にミックスして紡ぐ

Mix the ingredients and
spin woolen yarn

SPIN WOOLEN YARN

Daiwabo Co.,Ltd.

当然のことながら、ウール素材の服は毛糸からできている。それを織るか編むかはさておき、羊毛を紡ぎ、糸にしたものを使うのだ。そして羊毛紡績には、梳毛と紡毛の2種類がある。一般的によく知られているのは梳毛で、羊の毛をバリカンで刈り、洗ってカーボナイズ（洗化炭）してから紡いだもの。対して紡毛紡績は、さまざまな原料をミックスして糸を紡ぐ。この技術があれば、例えばノイルといわれる紡績中に出た羊毛くずや、不要になった繊維（衣料、糸、布地）などを専用の反毛機械を使って綿状に戻したものなども再利用できるのだ。〈大和紡績〉は、昭和26年に建てられたという趣きのある社屋で、紡毛糸を生産している。天井が高く、風通しのよいつくりは、ストックしている膨大な量の羊毛やノイルのカビや虫を防ぎ、品質を維持するため。

「うちでは創業以来、リサイクルという言葉がまだ一般的ではなかったような時代から、ノイルを使った紡毛をやってきました。昔からある技術なんですよ」

ノイルだけでは繊維が短かすぎるため、繊維が長い羊毛を繋ぎとして、周りにノイルをまとわせることが多いそうだ。

「ところが再利用品ですからね、そのときの時流によって原料の在庫が変わってくるんですよ。世の中にグレーが流行れば、ノイルもグレーが多くなる。だけど、グレーが流行った後にはベージュが流行ったりするでしょう。そうすると原料集めが大変なんです」

流行は巡るものだから、10年経てばまた役立つこともある。そんなときのために、原料はなるべくキープしておく。したがって、倉庫には膨大な量のストックがある。

「欲しい色だけを欲しいときに買うっていうわけには、なかなかいかないんですね。原料屋さんから全部買いとっておき、自社で寝かせておくんです。そうすれば、使いたいときに選択できるので」

長期間、保管するとなると、色褪せも大敵となる。だから紡績や織物、染色工場には、南の光が入らないように北側に窓を作ったノコギリ屋根が多いのだそうだ。

望む色を表現するための原料のブレンド技術が自慢

紡績作業の前には、羊毛とノイルを混ぜ、さらに紡ぎやすいように紡績油を混ぜてオイリングし、ひと晩ほど熟成させる。例えば取材時は、羊毛をグレーに染色したものと、薄いグレーのノイル、生成りのアンゴラの毛、白い

ナイロンがブレンドされていた。ナイロンを加えるのは、混ぜると丈夫になって紡績しやすくするため。これらがブレンド部屋の床下の穴に吸い込まれていき、調合機に入る。この作業を3回ほど繰り返して、満遍なく混ぜ合わせる。次にこのブレンドされた原料をホッパーという機械に通し、繊維を掻き揃えてシート状にする。さらに叩いてフィルム状にしたものを縦方向に細かく分割し、120本ほどの篠という状態になると、4色の原料が混ざり合い、素人目にも仕上がりの想像がつくようになる。ノイルを使いながらも注文された色どおりに仕上げる技術が、〈大和紡績〉の得意とするところ。

「注文があった色に、白い糸を染めればいいじゃないかと思うかもしれませんが、ブレンドしたほうが風合いがよくなるんですよ。こんな色できますか、と言われたら、企画部が分析して、原料が在庫にあるかどうかを確認。足りない分はバラ染めして補います。これまで約50年をかけて積み上げてきた技術があってこそ、できることなんです」

事務所で見せていただいた色見本帳には、どんな原料をどの量で混ぜるとこの色になるかという調合レシピがこと細かに書かれていた。このパターンシートと呼ばれる色見本帳の膨大なデータ量が、〈大和紡績〉を支える技術力でもある。

さて、篠にミュールという機械で撚りをかければ、ウール糸の完成。撚りをかけている間に糸が切れてしまったときは、職人が手で寄り合わせて繋ぐ。

それは一瞬、なにが起こったのかわからないほど、目にもとまらぬ速さ。

「職人さんは50年勤め続けてるという人もいますね。平均年齢は60代後半。若い人は続かないことも多いけど、掘り下げていくと面白くなっていく仕事だと思いますよ」

この糸を芋管またはチーズと呼ばれる状態に巻きあげ、機屋さんへ出荷するところまでが、〈大和紡績〉の仕事。

「ノイルをふるいにかけて攪拌すれば、ネップがある糸もできるし、起毛させることもできる」

無限に広がるバリエーションの糸を使って布を織り、洋服を作る。商品に至るまでは、まだまださまざまな工程を経なければならない。でも職人は製品を見れば、自社の糸を使っているかどうかわかるそうだ。それこそが、一流の職人ならではの愛情とプライドなのかもしれない。

株式会社　シバタテクノテキス

根気のいる作業で生地を織り上げていく

The process of arduous weaving

GROSS W.T
KGS

TEXTILE FACTORY

Shibata Technotex Co.,Ltd.

日本最大の織物産地である愛知県尾州で、製織工場を営んでいる〈シバタテクノテキス〉。製織とは、聞き慣れない言葉だが、糸を組み合わせて布を織ることをいう。〈シバタテクノテキス〉の社長は、3代目の柴田和明さん。工場の2階で、経糸を準備する整経作業から、緯糸を入れるための綜絖、筬差しを手掛けており、1階でそれらを織機にセットし、製織から検反までの作業をする。

「織機に経糸をかけ、経糸の間に緯糸を通していく、というシンプルな仕事です。糸の種類が多く、技術者や機械が必要な複雑な作業となっていますが、やってることは“鶴の恩返し”の時代となにも変わらないんですよ(笑)」と柴田さん。

例えば1m50cmの幅の布を織るには、経糸が1000～1万本ほど必要となる。尾州では、この経糸をだいたい400本ずつにわけて整経する“部分整経”が一般的。布の柄の設計図に合わせて、必要な経糸をクリールというスタンドに手作業で配置し、整経機を通してビームという大きなドラム缶のような部品に巻き付けていく。〈シバタテクノテキス〉は技術力に定評があるため、複雑な柄や身頃で1つの柄を表現するような大柄を頼まれることも多

い。整経で1本でも間違えるとその後の作業はすべて無駄になってしまうため、複雑な柄の場合はこまめに設計図と糸の番号を確認しながら作業している。「布も数字のかたまりなんですよね」という柴田さんの言葉に納得する。

糸の種類によって相性がいいもの、強情なものなどそれぞれ個性があり、整経の準備や張力を調整するのはひとえに人の技術。糸を張った上に薄い布をかけているのはなぜかと聞いてみると、張力の調整のためだそう。

「糸巻きが勢いよく回りすぎてしまうときは、こうして布をかけて、その微妙な重さで調整するんです」

この整経の仕上がりが、次の工程である織りに影響するため、工場の稼働率にも関わってくる。ゆえに常に緊張感がある。

「やっぱり触ったことのないような糸は難しい。予想をたてて試しながらやっていきます。だけど、こんな糸ができたんだけど織れるかなって相談を受けたら、それはやってみたいと思う。面白そうだなって」

そこには技術者のプライドがある。

「天然繊維は慣れているし、うちの設備は天然繊維に向いているんです。でもそれぞれ、悩みはありますよ。ウールはほこりが出やすいのがネックですね。ウールのほこりがリネンに混ざって織られてしまうと、後染めしたときにムラになってしまうんです。だから、静電気対策に加湿器を利用したり、仕上がった反物を、少量だけもらってきた染料で染めてみてチェックしたり

しています」

〈ネストローブ〉がお願いしているリネンも難しいのだろうか。

「リネンは伸縮しないから張力の調整具合が難しい。油断するとゆるんでしまうけど、コツをつかめば整経できます。織るのがいちばん難しいかな。摩擦に弱くて切れやすいから」

臨機応変に対応するには手作業がいちばんいい

さて、経糸が準備できたとなると、緯糸も必要となる。織機は経糸を上下させ、そこに緯糸を通して織っていく仕組み。その経糸を上下させる仕組みを綜絖といい、薄く細い金属の板の穴の中に経糸を1本1本通していく。2人がかりで行うこの作業を綜絖差しと呼び、これによって、平織りや綾織りといった布の組織が決まるそうだ。

その次は、金属の薄い板羽を等間隔に並べた筬という器具に経糸を通していく。板羽と板羽の間に糸を通していくことで、織物の密度を決めることができ、ハリや柔らかさといった風合いにも影響するとか。

「織物設計書に基づいて1インチの間に39本の糸が通る、というような指定があるので、こまめに確認しながら作業を進行していきます。これは機械でもできる作業なのですが、特殊な糸を使う場合は、やっぱり人がやるしか

ない。うちでは髪の毛よりも細い繊維から、手芸用毛糸ほどの太さのある糸まで、さまざまな種類の糸を扱っています。そのため、機械化は難しく、すべて手作業で行っています」

間違えるとイチからやり直しなのでこれも神経を遣う作業。こうして準備した経糸と緯糸を織機にセットし、織り上げていく。糸が切れれば機械が知らせてくれるけれど、やっぱり細かい調整は人の目でチェックするしかない。

「整経も製織もコンマ何ミリという単位で調整しなくてはならないけれど、それは人の感覚に頼るしかないんです。熟練の職人の価値というのがそこにある」

最先端の機械を使えば解決することもあるかもしれない。こちらでは工場を建てた25年ほど前の機械を、ずっと使い続けているそうだ。

「機械を新調しようかという話もありましたが、新しい機械はシンプルなものを大量に作るのに向いています。うちにある古い機械はスピードが遅くなってしまうけれど、複雑な柄や珍しい糸などにフレキシブルに対応できるので、結局、このまま使おうということになりました」

大変だけどやりがいがある。そう感じたから受け継いだ

「やっぱりこの仕事をやってると、神経質になってしまいますね。ごまか

しが利かない仕事ですから。働く環境も厳しいし、夏の工場は40度を超えることもザラ。糸が切れないように加湿するから、夏はみんな10kgくらい痩せますよ」

そんなハードな仕事ではあるけれど、柴田さんは、祖父が興した工場を父から継いだ。

「子どもの頃、機械がまた壊れたとか、直すのに時間がかかるとか、気を遣って疲れるとか、両親の文句をよく聞いていました。だけど文句を言いつつも、両親はいつも笑っていたんですよ。だから、この仕事は楽しいのかなって思っていたんです」と、恥ずかしそうな笑顔で話してくれた。

そんな父の柴田 昇さんは、現在、会長職。取材中も工場の片隅で、白い織物を織っていた。

「父はもう今は利益の心配をしないでいい立場になったから自由です。自分で設計から手掛けた布を織って、Tシャツなんかを作っています。楽しそうですね。やっぱり好きなんですねえ、ものづくりが」

そう言う柴田さんからも、やっぱりこの仕事を愛していることが伝わってきた。

「たまにでき上がった服を見せてもらったり、街中で見かけたときは、うれしいですねえ。あ、うちで織ったやつだ！　ってすぐにわかります」

1141
1222
1142
1147
1228

一見すると布帛（織り生地）だが実は編み地で、自然な伸縮があるウールカシミヤフリースを使用。ただし、ニットに従来使用されている甘撚りの紡毛糸ではなく、布帛に使う織り糸を使い、限界まで度目を詰めて編み上げ、時間をかけて縮絨加工した後、起毛加工。2020AWは、この生地を利用してカットソーの縫製仕様や一枚仕立てを取り入れ、柔らかく体を包めるガウンのようなコートやフーデッドコートを提案。生地は断ち切りにすることで、前立ての重なりや縫い代の重なりを極力少なくした、軽やかな仕上がり。

株式会社　東紀繊維

旧式の機械を使って編んでいく
ヴィンテージライクな生地

Vintage touch fabric crafted by
the old loopwheel machines

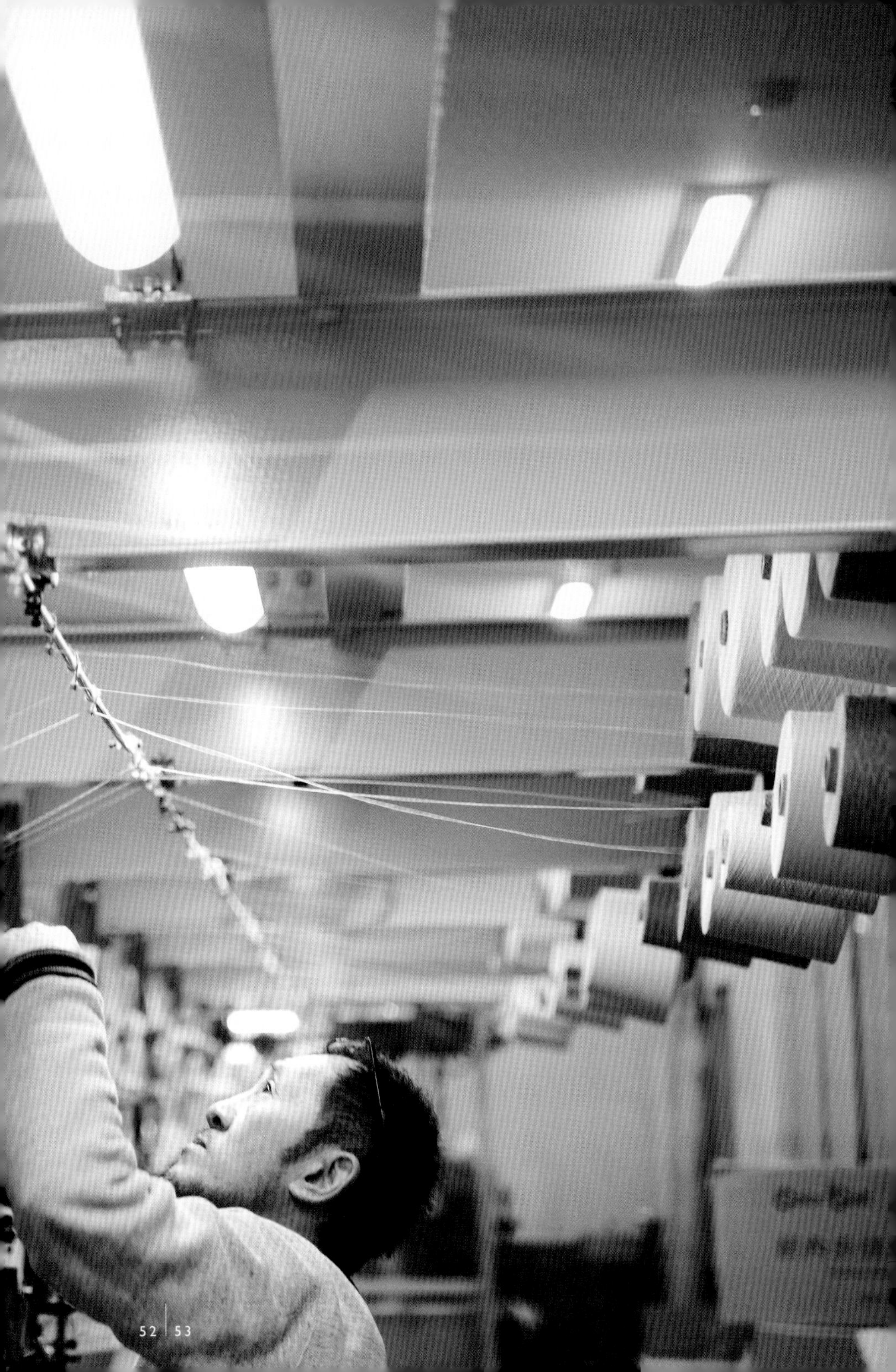

KNIT FABRIC FACTORY
TOKI SEN-I Co.,Ltd.

紀州、和歌山は、ニットの産地。なかでも〈東紀繊維〉は、“吊り編みといえば東紀”というくらい、業界で知られた存在だという。もともとは吊り編みの生地を卸す会社だったが、自社で生産まで手掛けるほうが納期に融通が利くし、注文の内容も伝わりやすくなるため、編み立て工場〈アイガット〉を設立。よりものづくりに近くなっていったそうだ。吊り編み機というのは、上から吊るされ、回転しながら筒状に生地が編まれていく旧式の編み機のこと。くるくると回る機械は、まるでダンスを見ているよう。ひと昔前はニットといえば吊り編みが主流だったけれど、今は吊り編み機の製造は既に終了している。日本で現役で使われているのは、おそらく〈東紀繊維〉とそのほかに2社でのみ。吊り編み機は糸に余計なテンションをかけずに編んでいくため、ふわっとふくらみのある生地ができる。

「伸縮性がいいので肌馴染みがよく、着心地は最高。長年着ていても生地がやせてこないんです。また針の先端が丸く、糸を傷付けないので、生地への負荷が少ないのも吊り編み機の特長です」

聞けば40〜60年代のヴィンテージのスウェットやTシャツといった天竺生地の多くは、吊り編み機で作られていたため、現在、新しく作ってもどこ

Vintage touch fabric crafted by the old loopwheel machines

か古着のような風合いになるとか。手編みのような風合いのローゲージのニットを作ることも可能だ。特に古い低速機は、そのまま服の身頃として使える小ぶりなサイズ。脇に繋ぎ目がないため、着心地満点の服ができる。1玉を編んでいく仕様で基本的に無地しかできないが、ミックスに先染めした糸を使うなど、糸の染め方で柄を生み出すこともある。また、インディゴ染めの糸を使うときは、ほこりで色が混ざってしまうことを防ぐため、インディゴ専用の編機だけを集めた小部屋で編むそうだ。吊り編みの機械はモーターをベルトで繋いで使う。1つのモーターでいくつもの機械を動かすので、使用電力は少ない。ただし、もう生産していない古い機械なので、大事にメンテナンスをしながら使わなくてはならず、消耗品である針もドイツからの取り寄せ品。こまめにほこりを取ったり、調子を見たり、部品を交換したり。職人がチェックしながら、稼働しているけれど、メンテナンスできる職人も少なくなってしまった。

「うちには熟練した職人が2人いて、若い人にも教えていますが、こればかりは長年の感覚でやっていくもの。今すぐできるようになるわけではないんですね」

部品ももう手に入らないので、部品交換用に使っていない機械を保管したりもしているそう。機械ごとにクセがあり、仕上がりの風合いが微妙に変わってくるというのも、手仕事に近い機械なのだと感じる。 現在、多くのニ

ット工場がシンカー編み機と呼ばれる高速機に切り替えてしまったのは、吊り編み機の生産効率が悪いためだ。1時間に1mしか編めない吊り編み機に比べて、量産用のシンカー編み機は10倍以上速く生産できる。〈東紀繊維〉でもシンカー編み機を使用しているが、速度などの設定によって品質も風合いも変わるため、同じ機械を使っていても、使う工場によって仕上がりに差が出てくるそうだ。そのほかに、色の切り替えができたり、ダブルニットやワッフル生地、裏起毛のジャカード柄なども作れたりするようなオリジナルの機械も使用し、さまざまな需要に対応している。

糸からこだわることで独自の生地を生み出す

実は〈東紀繊維〉は、年に2回、フランス・パリで開催される展示会に出展しており、顧客の半分は高級メゾンをはじめとした海外のブランドだそう。仕上がりのデザインやイメージを聞き、糸から提案できるのが強みだ。だからこそ、製品を繊維商社に卸すよりも、ブランドと直接やりとりをすることが多い。在庫があるわけではないので、受注から1ヶ月以上かかってしまうけれど、糸からこだわった上質なものづくりを丁寧に手掛けることで、〈東紀繊維〉というブランドを確立してきた。〈東紀繊維〉の生産品の6～7割は、自社で企画して紡績工場に発注したオリジナルの糸を使用してい

Vintage touch fabric crafted by the old loopwheel machines

る。“自然との共生”をポリシーとしているため、オーガニック素材にこだわり、環境にやさしい生産をしていることも特長だ。1年前に移転したという現在の新工場の周りには、ビオトープも作った。

「肌に当たるループ部分に、オーガニック綿やオーガニックブレンド綿の糸を使うようにしています。今は価格の問題もあってまだ100%は難しいけれど、なるべくOCS（Organic Content Standard）承認を取得したオーガニックコットンの使用量を増やしていきたい。生産量が増えれば、それだけ価格も安定するし、継続して使えますから」

綿花の購入代金の一部を、西アフリカのブルキナファソへ寄付したりもしているそう。ほかに落ち綿や反毛（不要になった服や生地を専用の機械で綿に戻したもの）を使ったリサイクル生地を作ったり、綿花業界の水準を上げる取り組みに貢献すべくBCI（Better Cotton Initiative）に加盟したりと、サスティナブルであることにも熱心に取り組んでいる。

〈東紀繊維〉の吊り編み機で製作したプルオーバー。まるで手編みのように柔らかく膨らみのある素材感が特徴。裏毛はコットン100%。表糸は40番手の糸、中糸は30番手のS撚り(右方向に捻った糸)、パイルに10番手を使用。ゆっくりと時間をかけて編み立てた素材のよさを感じる着心地と肌触り。

株式会社　AKAI

リネンのプロフェッショナルとして
その価値を追求していく

Uncompromising pursuit
to offer the finest linens

LINEN TRADING COMPANY
AKAI Inc

今から遡ること100年余り、「日本で最初にリネンを流通させた会社」が、〈AKAI〉。もともとは現社長、赤井彌一郎さんの祖父が大正元年に立ち上げた畳の材料を扱う商店だったという。

「昔は畳の縁にも麻の素材を使っていました。それで麻に愛着があったんでしょうか。1912年に独立し〈赤井峰太郎商店〉を開業。麻を専門に営んできました。以来、蚊帳や畳に使う資材からファッションまで、リネン、ヘンプ、ラミー、ジュートといった麻だけを扱ってきて、私で3代目です。京都では7代目、8代目ということもざらにあるので、たった3代目ですけどね」

先代の社長は、息子である彌一郎さんが生まれた1941年に、リネン専業の織物工場である〈京都麻織物工場〉を建てた。彌一郎さんも大学卒業後は、そこで2年間、荷造り（反物をむしろに包んで縄でしばって出荷する）の仕事から始め、織機やリネンの糸について学んだそうだ。

「同級生は呉服業など華やかな家業が多く、麻の商売は地味だと感じていましたね。でも祖父にも父にもほかには手を出すなと言われていました。私は一人っ子だし、意見に従っていたんです」

その後は本社に入り、経理から商売の基礎を学んでいた。しかし5年ほど経った頃、世の中に化繊や合繊が登場し、市場を席巻。日本に3軒ほどあったリネンの紡績会社が倒産したり、工場が停止したりし、〈AKAI〉が仕入れていたリネン専業紡績会社も紡績の生産をやめ、海外生産にシフトしていった。そこで、今後も原料を安定して仕入れるために、彌一郎さんはリネンの本場であるヨーロッパへ行くことになった。

「今と違って渡航には時間も費用も莫大にかかりましたから、長く滞在して勉強してくるようにと言われましてね。ベルギーを足がかりに、北アイルランド、フランス、スウェーデン、チェコ、ルーマニア、ハンガリーなど、さまざまな国を巡りました。今思うと、遠いヨーロッパのリネン業界を訪れるアジア人は珍しかったんでしょうね。有力な原料商〈PROCOTEX〉の創業者をはじめ、素晴らしい人たちに可愛がられて、いろいろと教えてもらった。ヨーロッパで学んだことは今の〈AKAI〉の礎になっています」

当時、トップダイ（生機（きばた）ではなく糸から染める）の細糸を探してイタリアで出会った名門紡績メーカー〈Linificio〉とは、今でも取引が続いている。

「失敗もありましたね。ルーマニアのリネン生地は安かったから、たくさん仕入れてみたんです。だけど当時は苛性ソーダで洗っていたから、運搬中に脆化してしまった。非を認めてくれない会社にしつこく5年ほどかけて交渉して、やっと返品しましたよ」

こうして20代から50代の後半までは、年に200日間ほどヨーロッパへ行っていたという。現代と違って、昔はインターネットもなく、とにかく情報が入ってこなかったから、現地に行ってものを買うことにとても価値があったのだ。特に重要な情報といえば、その年の作柄。あくまでリネンは植物、農作物であり、安定は難しい。豊作なのか不作なのかによって、取り扱う品質が決まってくるのだ。現在も、紡績工場は中国に移転していたりするけれど、リネンの原料はヨーロッパが主である。原点を知るためにも、〈AKAI〉の社員はみんな、ヨーロッパ研修を経験しているそう。

まだまだ広がるリネンの可能性

家業を継ぎ、半世紀ほどリネンに携わってきた彌一郎さんは、今や世界随一のリネンマイスターといえる。今、改めて、リネンの価値や将来について考えているそうだ。

「今、エコロジーという概念が注目されていますね。石油や化学で作ったものと違って、天然繊維は土に戻る。もっと上手に利用していくべきだと思っています。特にリネンは、特殊な機能性もファッション性もあり、保温性にも吸水性にも優れています。リネンの繊維は切り込みのあるマカロニ状になっているから、空気をたくさん含むんですよ。布団やシーツにすれば体温

で温まり、冬だって活躍してくれる。コットンとリネンのハンカチにインクを落としてごらんなさい、吸水性の違いに驚きますよ」

自身の私生活においても、リネン一辺倒なのだそうだ。なんと、シーツもピローケースも自分でミシンで縫って作っているとか。彌一郎さんのリネンに対する愛情の深さを感じる。

「妻を21年前に亡くして、その後はずっとリネンが友達です（笑）。元はただの草なのにね、こんなに奥の深いものはないと思います。綿や羊毛や蚕からも糸を紡ぎますが、人間が生み出したいちばん古い繊維は麻。日本でいちばん古い繊維は大麻ですからね」

経糸と緯糸を組み合わせるだけでも、無限大のバリエーションがあるのも魅力だという。

「〈京都麻織物工場〉では、高速で織れるレピア織機もありますが、昔ながらのシャトル織機も大事に使い続けています。シャトル織機は低速で、狭い幅の生地を織っている分、経糸にも緯糸にも負担をかけないので、表面に凹凸感のあるふっくらと高密度な生地が織れる。風合いは仕上げ次第で調整できるという考えもあるけれど、シャトル織機で織り上げた生地で作った服は、着込んでいったときの体に馴染む感じとか、経年変化の表情が違うんです」

昔と比べると、リネンの存在はポピュラーになってきて、この10年でも、消費は3倍ほどに増えているそうだ。かといって、〈AKAI〉はどんな会社

とも取引するわけではない。

「やっぱり、取引先の社風というか、トップがどう考えているかということは大きいですね。景気がいいときばかりではないですから」

長く麻に関わるビジネスをやってきて、さまざまな人に出会ってきた彌一郎さんの言葉には重みがある。

「日本はこれまで、いろいろな文化を取り込んで進化してきたけれど、今後はなんでもやりますよ、というよりも、得意分野があるほうが強いと思う。うちは最終製品を作らず素材を提供していますが、リネンやったら〈AKAI〉と言われるだろうというプライドを、首尾一貫して持ち続けていきますよ」

2種類の異なるリネン糸を交互に尾州で織り上げた陰影のあるツィード素材には、イタリアの《Linificio》の開発したリネンシルク糸を使用。リネンと同様に通気性や保湿性が優れた野蚕を原料に使っているので、太いネップや節によるラスティックな表情が特徴。仕上げにワッシャー加工を施し、ナチュラルな風合いに。

下左写真のインターライニングリネンテーラードジャケット／パンツは、通称「赤耳」と呼ばれている〈AKAI〉のシャトル織機で織った生地を使用。本来は洋服を作る時の副資材となる「芯地」として使われるハリのある生地だが、織り上げた後の加工で洋服に使う風合いに仕上げてもらっている。洗いや染めによる縮みも大きく、長い時間をかけて着込んでいくことで体に馴染んでいく。下右写真のシャツは、p155を参照。

株式会社　マルナカ

複雑な織り模様を生み出す
ジャカード織り工場

Highly valued artisanal works
Jacquard Fabric manufacturer

JAQUARD FACTORY

Marunaka Textile

東京・池袋から電車で1本。都心から1時間ほどで埼玉県の飯能に着く。この先は山間部という関東平野の平地の西の端。明治の時代には、あの〈富岡製糸場〉の糸を織っていたような織物産地であり、シルクのような細番手や綿の織りを得意としていたそうだ。

この土地で50年ほど前から織物を作っている〈マルナカ〉に、〈ネストローブ〉はリネンジャカードの生地を織ってもらっている。ここでは整経（経糸を織物に必要な長さと本数に揃える作業）から織りまでを手がけており、染色や、糊を落としたり乾燥させたりという仕上げ処理は契約している別の工場にお願いしているそうだ。〈マルナカ〉は、凝ったデザインに対応できるのが強みで、多種多様な品種を少しずつ生産している。

「日本の戦後の復興を支えてきた繊維産業が、現在衰退してしまっているのは、大量生産スタイルだったことが大きいと思います。うちは、さまざまなニーズに合わせられる技術があるので、多品種小ロットが可能。例えばリネンやウールなどは、素材の特性を熟知したうえで織り方を設計しないといけないんですね。1つの決まったものだけを大量に作るよりも難しい。それができるのは日本ならではの技術力であり、うちはそこを頑張ってきたから

こそ生き残れてきました」

さまざまな企業から注文を受けるほか、「こんな布が欲しい」という希望があると、布を構成している糸から調べて織ることもある。番手（糸の太さ）が同じだとしても、組成や撚りによって、布の風合いは変わってくる。そこは長年の勘を働かせつつ、ときには検撚機という昔ながらの手作業による道具を使って、撚りを調べることもあるとか。

〈ネストローブ〉がオーダーしているリネンジャカードは、見るからに繊細な透け感のある織り模様。ドイツ製の織機と、ベルギー製のジャカード装置の2台を組み合わせて織り上げている。ほこりが織り込まれないようにチェックしたり、コンプレッサーでほこりを吸い取ったり、4000本もの糸が切れるたびに結んで繋いだりするのも、すべて人の手だ。

「ジャカードというと昔は熟練した職人にしか作れなかったのですが、ITが進化したおかげで、20年ほど前からうちでも手掛けるようになりました。かなり高価なドイツ製の織機を使い、さまざまなノウハウを駆使することで、大きな柄から多色使い、複雑な模様まで対応できるようになっています」と専務の中里明宏さん。

ただし、リネンジャカードは経糸にも緯糸にもリネンを使う。リネンの糸は摩擦に弱く、切れやすいのが弱点だ。昔の手織り機でゆっくり織るならば問題ないけれど、それでは流通させるほどの量が作れない。そこで〈マルナ

カ〉では、水溶性のビニロンで糸を包み、強度を出してから織るという工夫をしている。

「それでもやっぱり天然素材は切れやすいので、工場の湿度を高めに保つなど、繊細な調整をしていますよ」

機械を使う人によって仕上がりが変わってくる

〈マルナカ〉の技術を支える秘訣を聞いてみたところ、中里さんが就職試験の話をしてくれた。この工場は近隣に住む若者の就職先ともなっているため、特に機械や繊維に詳しいわけでもない人が採用試験を受けに来る。その際に、必ずやってもらうことが、機結びなのだという。機結びというのは、布を織っている最中に切れてしまった糸を繋ぐための作業。

「最初に結び方を1時間ほど説明し、1時間ほど練習してから、試験となります。これは、器用かどうかをチェックするためというよりは、人の話をどのくらい集中して聞き、理解しようとするかを確認するためのテストなんです。というのも、機結びというのは昔から口伝でしか教えられてこなかったこと。布を織る際に糸の繋ぎ目が目立たないよう、なるべく小さく結ぶのですが、教科書に載っているようなことではないんですよ。話を聞いてきちんと理解して結べた人は、やっぱりその後も丁寧な仕事ができる人になるん

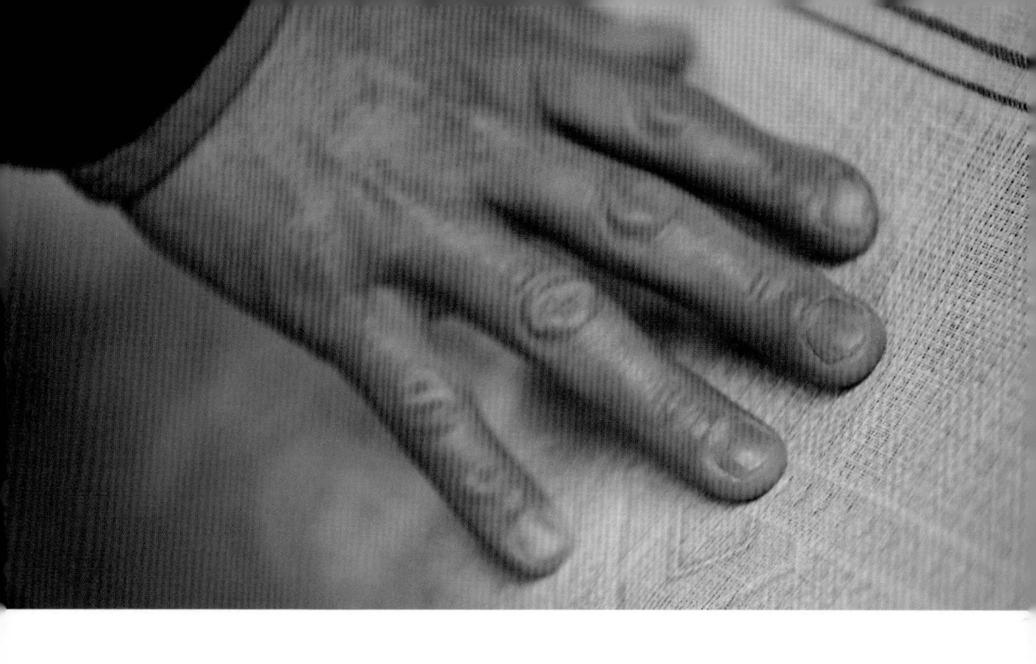

です」

織物工場での仕事は決して、最初から特別な技術を獲得していることが必要ではないという。

「基本的なことをコツコツとできることが大切です。自分の仕事が次の人に渡ったときによい形になるように考える。一つ一つの積み重ねが、結果になりますから」

紡績から織り、仕上げ、縫製、染色と1着の服ができるまでには、たくさんの仕事が積み重ねられている。織り工場の仕事もその過程にあるのだと。

「最初からできなくても、間違えてしまってもいいんです。でも、できることを適当にやるのはダメ。そこは厳しく叱ります。大切なのは、作業を徹底して丁寧にできるかどうか。機械を使って織るといっても、機械は必ず人を介在して使うものですから、手を抜いたものはお客さんに絶対に伝わってしまうんです」

ちなみにリネンジャカードでなくとも、経糸が切れてしまうことはよくあること。そのたびに機械が自動的に止まり、人が丁寧に結んで繋ぐ。その跡は素人目にはまったくわからないけれど、1反で7箇所以上繋いだものは、B反（難ありもの）とされてしまうのだそうだ。切れやすいリネンだと、そのリスクは当然上がる。細心の注意を払い、丹精込めて織り上げたものが正規の価格で売れない……。それは〈マルナカ〉のクオリティに対するプライド

かもしれないけれど、〈ネストローブ〉はそこも布の個体差として許容範囲内だと考えている。自然繊維を使っている以上、糸のネップや節や織りのゆがみはあって当たり前。均一なものや画一化されたものよりも、自然素材を使って手作業に近い感覚で作られたもののほうが、着心地も仕上がりも魅力的だから。たくさんの人にそういったことを理解し、そこに価値観を感じてもらうために、〈ネストローブ〉は服を作り続けているのだ。

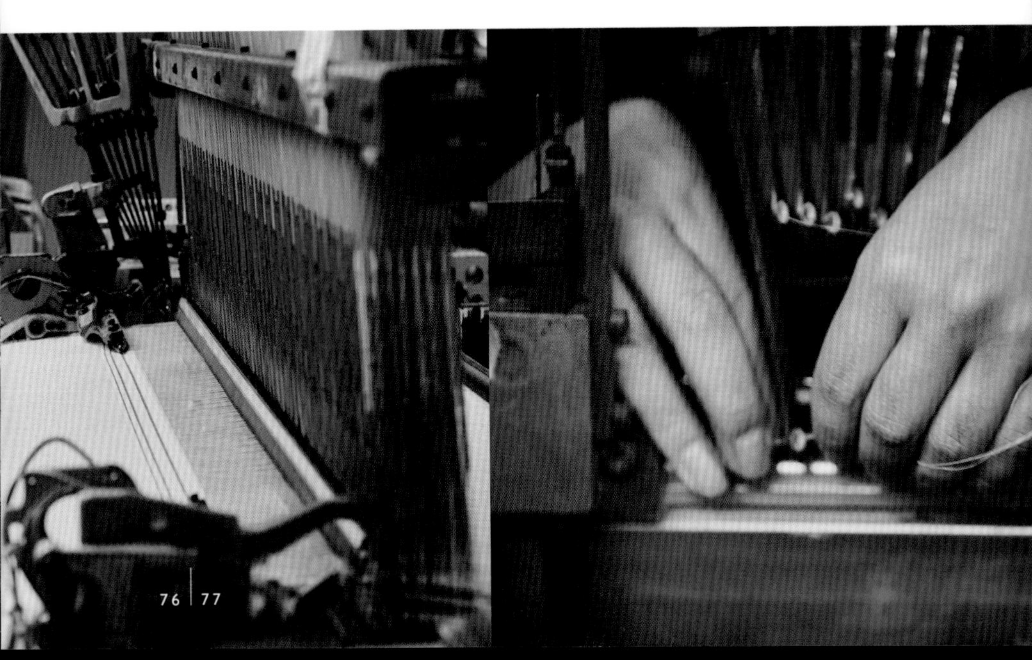

経糸に細番手のリネン糸を使用し、メッシュ状に織り上げた擬紗ジャカード生地で仕立てたワンピース。風通しがよく、吸湿作用もあり、蒸し暑い時期にもさらりと着られる清涼感のある素材を、洗いをかけることで、よりリネン素材の自然な風合いに。色糸のボーダー部分のみ、コットン糸を使用。素材の軽さを活かして一重仕立てにし、タックを入れて風をはらむようなボリューム感を演出。

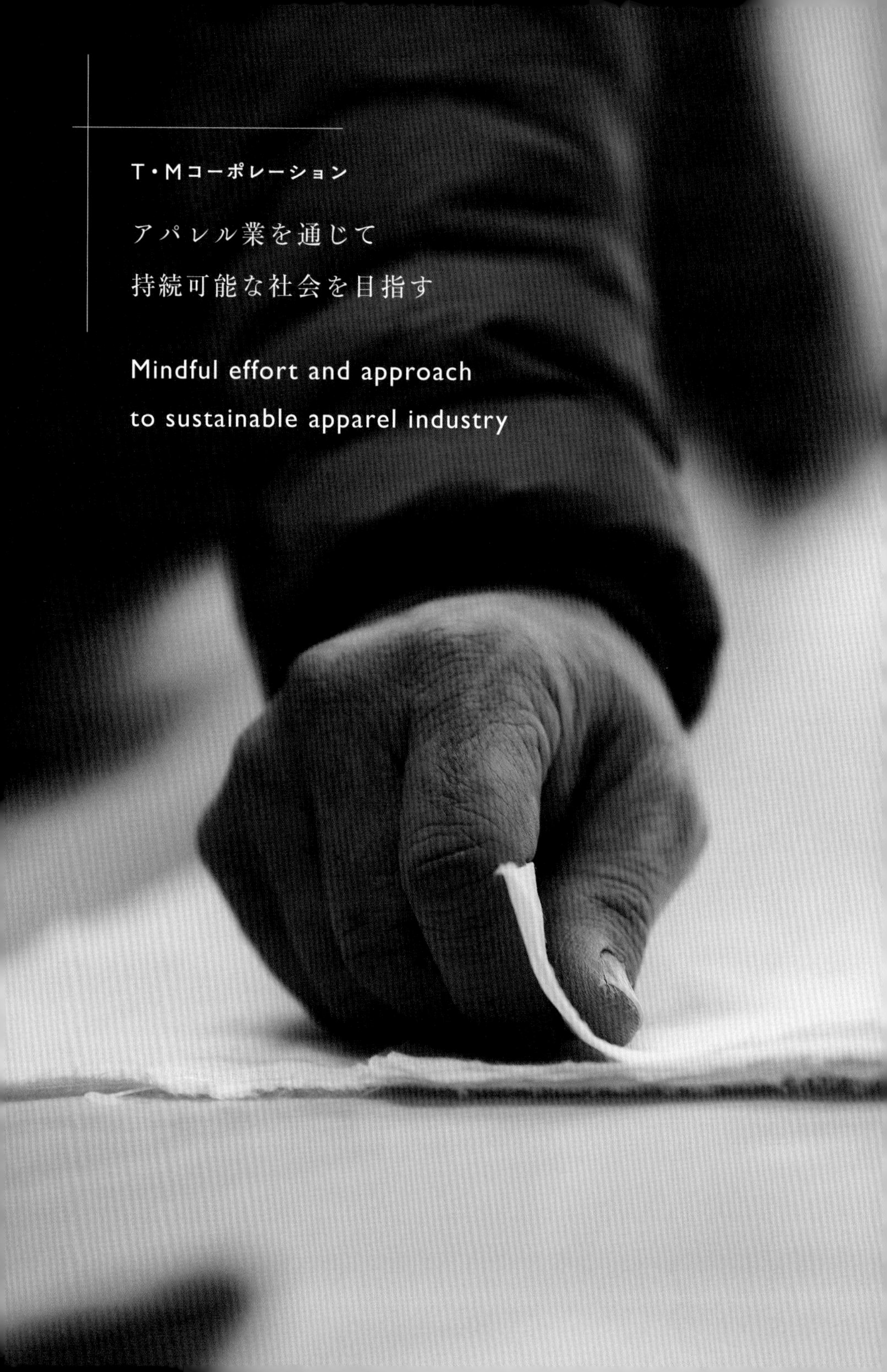
T・Mコーポレーション
アパレル業を通じて
持続可能な社会を目指す
Mindful effort and approach
to sustainable apparel industry

SEWING FACTORY

T･M Corporation

〈T･Mコーポレーション〉は〈ネストローブ〉の縫製工場だ。もともとは三重県で500人ほどを雇う工場だったけれど、近くに大手電気会社の工場ができたことで人手不足になり、大阪に移転した。しかしその頃からアパレル業界の不況が始まっていたこともあり（p18参照）、最低賃金が負担に。徳島へ移転し、現在に至る。

ここでは外国人技能実習制度を利用し、中国からきた研修生が働いている。工場の敷地内には研修生用の寮があり、敷地内の畑では研修生たちが食べる野菜を作っている。休日には畑仕事で汗を流し、年に一度のレクリエーションには実利を兼ねて全員で海釣りに行くそうだ。また年に1度の帰省費用も〈T･Mコーポレーション〉が負担している。研修生たちにとっては生活費がほぼかからないため、3年の研修期間でかなりの額を貯めて帰国するという。近年、法律が変わり、研修期間3年の後に日本語試験と縫製の実技試験に合格すれば、2年間の延長が認められるようになった。以前の制度で研修を終えた実習生にも適用されるため、一度帰国したにもかかわらず、再び来日している研修生も多いそうだ。

リーマンショック以降、価格競争によって小売価格は下がる一方であり、

小売価格が決まっていれば、それに伴って仕入額も安くなる。仕事には波があり、仮に1週間徹夜が続いたとしても、その次の週にはまったく仕事がないということもあるから、残業代は支払えない。この仕組みが変わらなければ、いつかみんな共倒れになってしまう。

大阪で昭和25年に創業し、下着やTシャツといったカットソーの製造を請け負っていた〈ネキスト〉が自社ブランドである〈ネストローブ〉を始めたのは、工場に適正な価格を支払うためだ。「うちが変えて行こう、アパレル業界を引っ張って行こう」という気概で、工場がブランドを立ち上げ、直営店を運営することにした。自社が培ったその製造ノウハウを活かし、さまざまな国内産地の工場と一緒に服を作ってきた。〈T・Mコーポレーション〉ではほかのブランドからの下請け仕事を減らし、ブランドを設立してから5年ほど経って、〈ネストローブ〉の仕事だけで賄えるようになった。自社で完結することによって、やっと工場に適正な価格を支払えるようになったのだ。以来15年かけて、少しずつ人を増やし、工場の面積を増やし、生産量を上げてきた。すべての工場の屋根に太陽光発電機を設置し、工場で消費する電力を補っている。工場内はすべて徳島県産の杉材を3cmの厚みに加工した杉板の床なので、裸足で歩くと気持ちがよく、断熱性も高い。また、ボイラーも排気がきれいで、CO_2の排出量の少ないガスの高効率ボイラーを使用している。

ものづくりを支えるクラフトマンシップとは

縫製工場でまず最初に行う作業は、延反だ。延反とは、たくさんの生地を一気に裁断できるように生地を延ばし、ズレないように重ねる作業のこと。生地に傷や汚れがないかを確認しながら重ね、型紙を合わせる。布目を合わせながら、いかに無駄なく1反から多くのパーツを取れるかという型取りはコンピューター任せだけれど、実際に布の継ぎ目や傷を避けるなどして、パズルのように型を移動させたりという調整は、職人による手作業だ。また、伸縮性のあるカットソー生地は、夜に延反作業をする。ひと晩寝かせて自然な状態に縮んでから、型取りをするのだ。芯地は熱で溶けやすいので、機械をゆっくり動かして裁断する。このように、どんなに最新の機械を使おうとも、素材や作業ごとに発生するイレギュラーなことには、職人の経験値を生かして臨機応変に対応している。

工場が徳島に移転する際、延反と自動裁断ができる機械を、20mという長いサイズの最新タイプに新調した。布がズレないよう、上にビニールをかけて下から吸引することで固定しながら、型に合わせて布を切り抜くことができる。この最新の機械によって、効率は4倍にもなったそうだ。実際には一度にもっと多くの量を重ねて裁断できるけれど、〈T・Mコーポレーショ

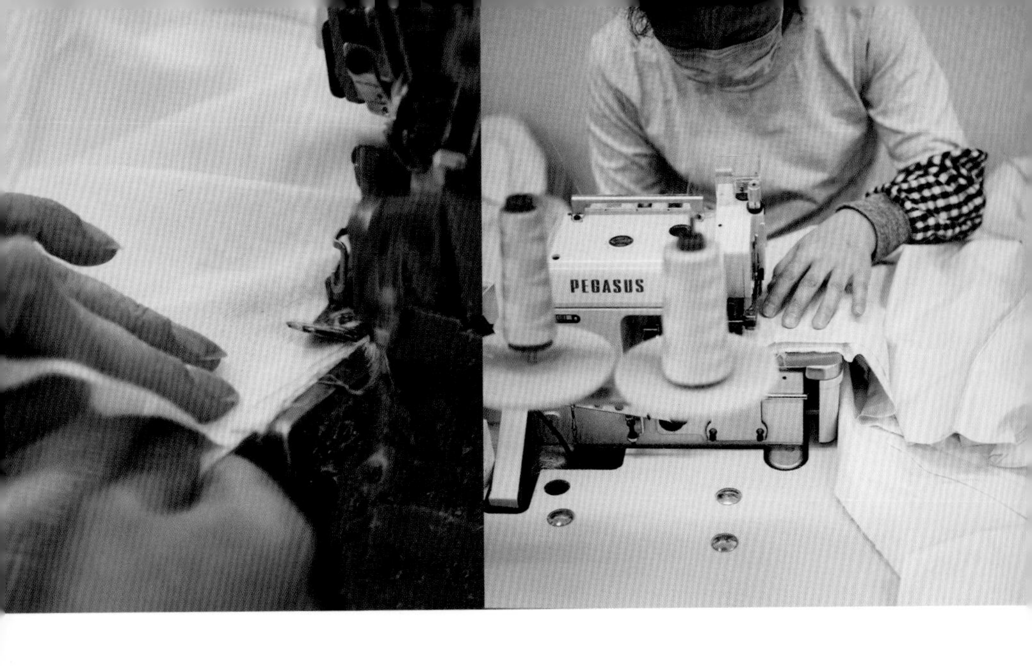

ン〉では精度を大事にするため、あえて限界より量を減らして作業している。

裁断する際は、同時にノッチを入れる。〈ネストローブ／コンフェクト〉の型は、ノッチが多いのも特徴。ノッチというのは、縫い始めや縫い終わり、パーツごとを合わせる際の目安になる重要な印。ノッチが多いことで、縫製は難しくなるし、スピードは落ちるけれど、仕上がりと着心地が断然良くなる。例えば、「縮めて縫いなさい」という指示であるイセも、〈ネストローブ／コンフェクト〉では1つの袖をつけるのに約7個と多い。もちろんイセなしでも縫えるし、そのほうが縫いやすい。でも人間の腕は、体のちょっと前側についている。だからイセによって人間の体に添わせると、着心地とシルエットがよくなるのだ。微妙な調整がいる手仕事だから、熟練した職人の腕が必要となる。イセなしなら30秒で縫えるものが、イセが多いことで、熟練した職人でも7～8分かかることになってしまう。

〈ネストローブ／コンフェクト〉のクオリティを支えているのは、こういった一つ一つのこだわりと、それを実現してくれる職人たちなのだ。〈T・Mコーポレーション〉に長年勤めているプロのオペレーターである女性は、自身のテクニックがあるだけでなく、作業工程や流れを把握して指示を出すのに長けている。「高密度の生地を扱うときは、針穴が開いてしまうため縫い直しがきかないから熟練した人を、そしてラインは加湿するように」というふうに采配してくれる。そのおかげで、工場の作業はスムーズに流れるのだ。

233 - 299
170 - 199
227 - 284
128 - 160
100 - 132
JUKI

また、「このパターンはダーツやフリルが多いから、印付けだけで長時間かかってしまう」という現場の声を伝えてくれる人でもある。デザインを優先しすぎても工賃は変わらないから、工場の負担になってしまうのだ。

現場の声を反映させつつ、デザインも追求していく。この塩梅が難しいところ。上辺だけではないものづくりをしているという〈ネストローブ／コンフェクト〉の原点が、ここにある。

株式会社HANGLOOSE
加工場から発信する
新しい時代の工場のあり方
The finishing factory with
new innovative technologies

ologia
ECO
Start
Raise Machine
Stop
Lower Machine
Open Door
Unload
Gas Remain
Drain
Alarm
ON
OFF

DYE FACTORY

HANGLOOSE Co.,Ltd.

〈ネストローブ／コンフェクト〉のジーンズは、リネンデニムで「スローメイド」。加工工場で、砂と生地の粉が工場中に舞っているのを見て、これは職人の体にも環境にも悪いと思ったから、一般的なサンドブラストから、オゾン脱色とミラクルバイオ（特殊な酵素を使って微生物に食べさせて経年変化による表情を出す方法）に変えた。加工や染色をお願いしているのは、〈ハングルース〉。その工場に入ると、明るい雰囲気に少し驚く。BGMが流れるなか、20〜30代の若い職人たちが楽しそうに働いているのだ。

〈ハングルース〉は、40代という若き社長である山本厚さんが、なんと20歳のときに立ち上げたダメージジーンズの加工工場だ。国産ジーンズの産地である岡山で育った山本さんは、ジーンズが好きという気持ちからこの世界に入った。そして廃業してしまう創業60年の染色工場と出会い、そこを譲り受けて独立。工場にあった機械をオーバーホール（修理）し、〈ハングルース〉を1人でスタートしたそうだ。試行錯誤しながら新しい技術を開発したり、少しずつ機械を増やしたりし、今では、多くの技術者を抱える工場となっている。〈ハングルース〉の成功は、独自の技術力と企画力によるところが大きい。岡山も日本国内のほかの産地と同様、縫製や加工は分業性と

なっているが、山本さんたちは新しい発想や企画を提案できるため、工場の下請けではなく、ブランドから直接、注文を受けることが多いそうだ。

メイン業務は、はき古したようなヴィンテージ感を演出するダメージ加工。ただし、表面をヤスリで削って履き込んだようなアタリを生み出すシェービングをすれば、繊維の粉塵が舞い散るし、洗いをかければ染料の廃水が発生してしまう。それは環境にも負荷が大きく、働く人の健康を害する不安もある。そのため、〈ハングルース〉では最近、「レーザー加工」や「オゾン加工」ができる新しい機械を取り入れた。オゾン加工では、空気中にプラズマ放電を行ってオゾンを生成し、その強力な酸化作用によってデニムを脱色する。水の使用量も少なく、使用したオゾンは自然分解して酸素に還る。

「空気の力で色を落とすので廃水も少なく、薬品も使わないから環境にもやさしい。脱色には水を大量に使いますが、工場ごとに使える水の量って実は決まっているので、脱色加工に大量の水を使わずに済むという面でもありがたいんです。のり抜きもできるし、デリケートな生地の脱色もやりやすい。作業効率が上がりました」

新しい技術と丁寧な手作業。ここでしかできないことがある

また、〈ネストローブ／コンフェクト〉はリネンデニムの加工だけでなく、

リネン製品の染色もオーダーしている。

一般的に洋服は、糸や生地を染めてから仕立てる。ところが〈ネストローブ／コンフェクト〉では、製品に仕立ててから染めに出す「製品染め」という手法をとることも多い。長年着込んだような立体感のある風合いが出せることと、1着ごとに表情が微妙に異なることに価値を感じているから。だけど「製品染め」にはリスクが大きい。というのもリネンは摩擦に弱いため、従来の染色法だと破れやすい。さらにフリルやレースなども多いとなると、デザインに応じた手作業が必要となってしまうのだ。どうしようかと困っていたときに出会ったのが、〈ハングルース〉だった。

「リネンやコットンは、精錬という作業が必要です。これは染色と同じくらいに時間と手間がかかりますが、大事な下準備。その後、染料で染め上げてから乾かしますが、自然素材は予想と違う染め上がりになることも多い。だから新色を打診されたときは、必ずサンプルを染めてみて濃度などを調整します」

乾燥させる際も要注意。袖などの絡まりをほどきながら、1着ずつ乾燥機にかけていく。生地にダメージを与えないように乾燥機の温度も低めに設定するなど、とにかく手間も時間もかけているのだ。

「面倒でも、満足のいく仕上がりのためには手作業が必要なので。作業効率だけを求めていては、できない仕事があります」

そんな〈ハングルース〉の完成度の高い仕事に、業界の評判は上がる一方。研究にも力を入れ、さらにまたよい仕事ができるようになっていく。下請けだけではない工場のあり方の、ひとつの成功例がここにある。これが、工場や産地の未来を拓くカギになるのかもしれない。

〈ネストローブ〉15周年記念アイテム。『-Tea Leaf & Routes - 茶葉の道』というシーズンテーマから、茶道のお点前に使われる茶袱紗の色をイメージした紅色と紫色に。ピンクは紅花、パープルは紫根を用いて染色。さらに加工を重ねることで、落ち着いた色みに仕上げている。素材は〈ネストローブ〉定番の、細めの糸を使った軽量感のある生地。滑らかで柔らかな肌触りは、着込んでいくごとに味わいが増していく。

吉岡広一靴下

小さな靴下に込められた
国産の品質へのこだわり

Commitment to Japan made
high-quality socks

MANUFACTURES SOCKS
YOSHIOKA HIROKAZU SOCKS

奈良は靴下の産地で、国内の靴下生産量の約34%を占めている。〈吉岡広一靴下〉が位置する広陵町にも、今はだいぶ少なくなったけれど、昔はいくつもの工場が軒を連ねていたという。工場によって持っている機械や得意とする作業が少しずつ異なるので、ジャカードならA工場、パイル生地ならB工場というふうに、自分のところで受注したものを、ほかの工場に割り振ることもよくあるのだとか。横の繋がりによって助け合えるのは、産地ならではの利点だ。

靴下を編む機械のサイズは小さい。小さいなかに、複雑な機能がたくさん詰まっている。機械で編むといっても、それを扱う人によって編み目のバランスや見た目、雰囲気は微妙に変わってくるのだそうだ。人によって異なることもあれば、同じ人でも1年後は違う仕上がりになることもあるというから、とても繊細な話。柄のある靴下の場合は、機械を調整したり、糸の配置を考えるのも職人の腕の見せどころ。

「機械は見えない部分の調整がいちばん大切で、それは職人の勘に頼るしかない。経験値が影響するんです。機械が古いからね、ゆっくり動かすように気をつけています。パネルで操作できる新しい機械もあるけど、とても高

額でなかなか買えません。でも古い機械は丈夫なのがいい。分解して調整すれば、長く使い続けられますから」

機械はゲージによって針数が決まっているため、糸の太さによって機械を選ぶ。普通のメリヤス編みだと、釜と呼ばれる部位が1つだけの機械で編めるけれど、〈ネストローブ／コンフェクト〉がオーダーしているようなリブ編みの場合は、釜が上下についたダブル仕様。

「リネンシルクは糸が硬くて編みにくいんです。こんな太い糸は、特に機械をゆっくり回転させないと、引っかかってしまうかもしれない。そしたらその時間の売り上げがマイナスになってしまうから、なるべく効率よく稼働できるように、気を遣いますね」

そう、工場にとって「時は金なり」。1時間で何点の製品が作れるかということが重要なのだ。いかにスムーズに、そしてB品を出さないようにできるかということにかかっている。ましてや今はアパレル業界の長く続く不況時代。靴下もやっぱり海外の安い賃金でできる工場にシフトしてしまい、産地の状況はとても厳しい。現場にはおのずと、ピリピリとした緊張感が漂っている。

「注文が減ってしまうと、作らなくても赤字、作っても赤字ということもある。機械を動かすのもお金がかかるので、工場稼働日は1日おきというところも増えているんですよ」

こんな厳しい経営状況となると、後継者不足という悩みも出てくる。国内の産地はどこも同じ状況だという。解決策はどこにあるのだろうか。

さて、筒状に繋がって出てきたものを1足ずつにカットし、つま先を別の機械で縫い合わせれば靴下の完成だ。つま先を縫う作業は広陵町の家庭の主婦の内職にもなっている。これも熟練の手仕事なので、「おばちゃんたちがいないとやっていけない」とのこと。でき上がった靴下は、仕上げ工場で圧力をかけて少し縮め、ようやく製品となる。小さな靴下ひとつとっても、多くの過程を経て、1足ずつ生み出されていることがわかる。“三足千円”という低価格な靴下が一般的かもしれないけれど、丁寧に作られた国産の上質な靴下は履き心地が違う。履いてみればわかる。足元のおしゃれは着こなしの大切な要素でもあるから、靴下だって妥協せずに選びたい。

安いものだけを求めていけば、産地は疲弊する。古い機械を調整しながら上質な靴下を生み出す職人の腕も、それを受け継ぐ人も、近い将来、消えていってしまうかもしれない。生産現場の問題だけではないのだ。消費者の意識も変わる必要がある。適正な価格で購入した上質な靴下を、大切に長く履いていくほうが絶対に気分がいいはずだ。

リネンの生成りの糸と染色したシルクの糸を撚り合わせて1本にした糸を使用。2020年春夏にはオートミール、ピンク、ライトブルーと淡くやさしい色合いで展開。秋冬にはリネンとシルクの糸をメリハリのある色でセレクトし、深みのある色合いの中にリネンの生成り色が霜降り状に見える色合いに。リネン特有の吸湿性によるさらりとした肌触りとシルクの保湿性によるしなやかな柔らかさが特徴。オールシーズン履き心地のよいリブソックス。

風光舎

自然な風合いを出すために
天日干しで仕上げる

Fabric finished
by the traditional sun-dry method

Fabric finished
by the traditional sun-dry method

DYE FACTORY
KAZEKOSHA

工場の入り口近くで、染め上がった反物が気持ちよさそうに風に吹かれて干されていた。まるで大きな洗濯物を干しているように。〈風光舎〉は、その名の通り、風と光で仕上げる染め工場だ。独自の色合いの染めと天日干しによって、ネストローブが糸からこだわって織ってもらった天然素材の持つ豊かな表情を、最大限に活かしてくれる。

染める工程はシンプルだ。まず製織工場から届いた反物を精錬する。そのままだと染料が染み込みにくいので、繊維に含まれる脂肪質や不純物、加工剤、汚れなどを取り除き、精錬剤を入れた湯に晒すのだ。それから「釜」と呼ばれている大きな洗濯機のようなワッシャー機の中に染料と精錬した白生地を入れ、正転と反転を繰り返しながら温度を上げ、染めていく。一度に染められるのは18mほど。生地の厚さによって、釜に入れられる量は変わる。水分を含んだ18mもの生地はかなりの重さで、持ち運ぶだけでも重労働。ムラを防ぐため、生地はあらかじめたたんでタコ糸で結んでから入れる。

「生地にテンションをかけていないので、15～20%近く縮みます。機械のなかで回転するうちにくしゃくしゃになるので、多少のムラや染料溜まり、特有のシボも出る。それが風合いになるんです」

〈風光舎〉にはジッター機という染色機械もあり、これは生地をロール状に巻き取りながら染める。生地は常にピンと引っ張られているので、縮むこともないし、ムラもシワも出ない。同じ生地でも染め上がりの風合いがまったく異なるのだ。〈ネストローブ／コンフェクト〉がワッシャー機染めを選ぶのは、ナチュラルな風合いを求めているから。

「ただし生地端の巻き込みもあるので、裁断工場では苦労されるようです。ロスも出やすいから難しいところ。ブランドの理解度や縫製工場の技術も重要ですね」

そこまでしても優先したい自然な風合いをより魅力的に見せているのは、ニュアンスのある美しい色み。これは〈風光舎〉独自の配合技術の賜物だ。織り方や素材など生地の種類によっても染まり方が変わるが、ビビッドに染まる反応染料に比べて、全体的にくすんだ色みが特徴の直接染料を使っているのも特徴だ。

ゆっくりとじっくりと手間暇かけて仕上げていく

染め上がった生地は、外の竿にかけて自然乾燥させる。

「春夏の晴れた日なら、40分ほどで乾きます。梅雨時期や冬は辛いですね。納期は遅れることもありますよ、と最初にお伝えしています」

“からっ風”と呼ばれる遠州地方独特の強い風のおかげで、生地はふっくらと乾く。乾燥機に比べると効率の悪い昔ながらの手法だが、この方法でしか出せない自然な風合いがあるのだ。せっかくテンションをかけずに染めたのに、機械的な圧力や張力をかけて乾燥させると、布の表情がただのシワになってしまう。なるべく裁断時のロスがなくなるよう、仕上げに幅出し機という大きな機械でゆっくりとシワを伸ばす。

「この機械は40年以上前のもので、両端をピンチで挟む仕組み。引っ張り具合いがちょうどいいんです。最新の幅出し機だと、両端を針で留めて引っ張るので、ピンと張りすぎてしまう」

シワを取りつつ活かす。この塩梅が職人の腕の見せどころ。生地によっては、この後に毛羽焼き機で毛羽を焼いてから出荷する。仕上がった生地は、職人が手でミミのシワを伸ばしながら、ゆるめのテンションで巻き上げていく。納品タグには、「反内裁断・縫製をするように」という注意書きが。これは小ロット生産となるため、同じように染めても、ひと釜ごとに染め上がりは微妙に異なることによる。1着の服を作るのに、別の反物を使うと、色のブレが目立ってしまうのだ。

作るにも使うにも、なんと手間のかかることか。効率を求めるとできないものづくり。されど、だからこその豊かな表情がなによりの魅力なのだ。

世界最古のリネン紡績メーカーであるフランスのサフィラン社で紡績した、細く節が少ないリネン糸を使用。高密度に織り上げた生地を、〈風光舎〉で少量ずつ手作業で染めた後に天日干ししている。深みのある色合いと、膨らみがありつつもドライタッチという独特な風合いが魅力。デザインは、2020年秋冬のシーズンテーマであるヴァージニア・ウルフの服装をイメージ。生地の風合いや断ち切りにしたフリルなどで、クラシカルになりすぎない雰囲気に仕上げている。

澤染工

麻の産地で唯一
染色を手掛けている工場

The only dye factory
specialized in dyeing linen

The only dye factory
specialized in dyeing linen

DYE FACTORY

Dye-Works Sawa

〈澤染工〉は、麻の染色を得意としている染め工場だ。もとは京都の西陣で創業し、シルクの染色工場を営んでいた先々代が戦後、滋賀に移住。滋賀・近江は鈴鹿山脈から琵琶湖に流れる伏流水という豊富な水資源によって、古来、麻を生産してきた場所。そこで麻の染色を手掛けるようになったそうだ。麻は染色が難しい素材であり、天然繊維なので、個体差が大きい。それをいかに均一に美しい仕上がりに染めるかが腕の見せどころであり、〈澤染工〉は麻の染色に特化して技術を磨いてきた。社内でビーカー試験も行っており、求められた色の表現力は業界随一だ。

「まずはパソコンで色のデータを出し、染料を配合してテストをします。この機械は20年前からずっと使っているもの。いまだにデータ保存はフロッピーです（笑）」

どんなに機械が進化したとしても、技術力は人のなかにあるものだから、機械の最新化は必要としていないそう。また、機械が出した数値で染めてみても、素材や季節によって色合いは微妙に異なる。だから求める色になるまで、何度もテストを繰り返す。

「ただ、疲れてくると気持ちが負けてしまうというか、OKを出しやすく

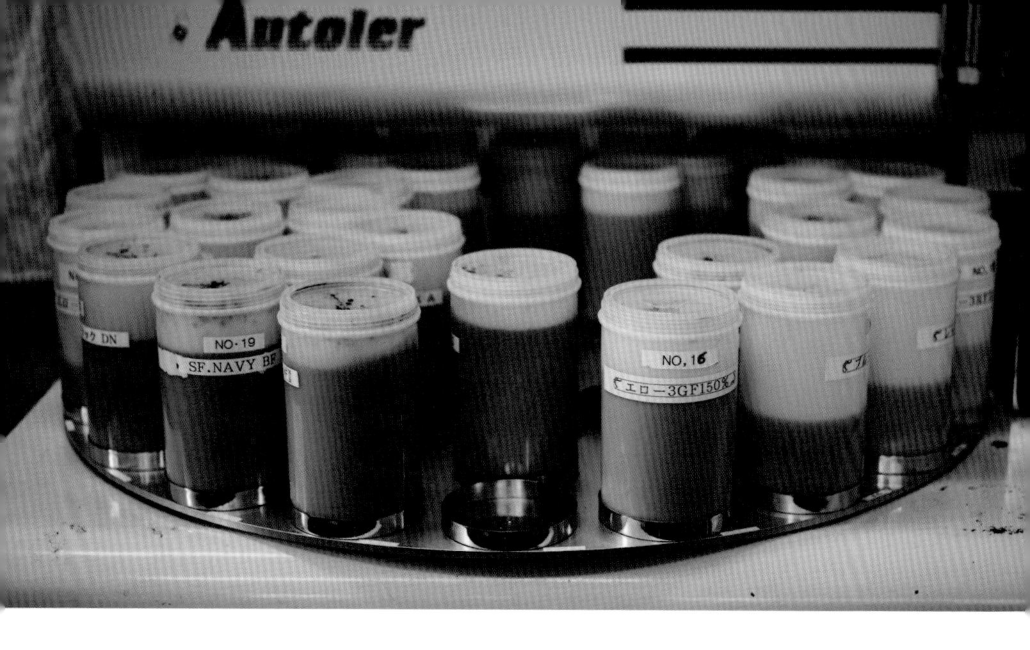

なってしまうんです。なので、複数人でチェックをすることと、冷静なパソコンを相棒にすることが必要なんですね（笑）」

ただしパソコンだけでは近い色にしかならないのだとか。染めに使う水が地下水なので、季節で水質が変わるということもある。

「1+1=2ではない世界なんですよね。季節によっても微妙に調整が必要だし、自分の体調によって色の見方も変わるから」

地下水を利用するということで、廃水処理にも細心の注意を払っている。

「廃水は最終的に琵琶湖に流れていくので、有害な薬品は使えません。海に近いところにある工場と違って含金属染料が使えないので、反応染料を使います。この土地の条件に合わせて技術が向上するのかもしれませんね」

独自の技術力を磨きここでしかできないことを

町工場ならではの小回りのきく生産体制で、小ロット・多品種・短期納品などの要望に応えてきたが、〈澤染工〉のなによりの強みは、蓄積してきた調合ノウハウと熟練の職人技にある。もちろん大手からの引き合いも多いが、価格競争や無理な受注はしたくないという。

「私たちのこだわりをわかってくれるところだけでいいと思っているんです。少ない人数でやっているので、できる数には限りがある。品質重視の取

引先を優先しています」

日々、技術力を磨き、新しい発想で新商品の開発に勤しんできたため、独自の染色法も多い。特に人気があるのは、商標登録取得済みだというル・ボワン染め。これは繊維の表面だけを染め、内側は白いまま残すという麻専用の特殊な染色法だ。仕上げ加工によって独特の洗い晒したような表情や、点のようなムラのある表情を作ることができる。インディゴや顔料染めよりも堅牢度が高く、色移りしにくい点も喜ばれている。

「実は、失敗作を生かして考案した染め方なんです。糸の中まで染まらなかったものを、本来なら中心まで染まるように工夫する。ところが、これは面白いな、堅牢度もいい、ということで商品化したんですよ」

この柔軟な発想も、〈澤染工〉らしさかもしれない。

「新商品を開発するために、常に新しい風、発想力を必要としています。だからスタッフを募集する際は、経験者は採用しません」

経験や技術力は熟練した職人たちのなかにあり、それを受け継いでいくことはできる。

染めの面白いところは、失敗を成功に持っていく過程だという。経験値をもとにノウハウを作り上げていく。積み重ねてきたノウハウと独自のセンス、そして飽くなき探究心。こんな工場があるからこそ、ブランドはクオリティの高い服を生み出していけるのだ。

糸の撚りをほどいて膨らませてから染める「ル・ポアン染め」（中白染め）は、洗濯するたびに経年変化したインディゴのような風合いになる。空気を入れてふんわり膨らませた糸を織っていることから「AIR LINEN」と名付けられた生地を使ったノースリーブブラウス。素材の柔らかな風合いを活かし、襟元にギャザーをたっぷり入れたAラインが特徴。

大長

地場産業としての伝統を
現代的に引き継いでいく

Passing down the local traditions
of fabric finishing techniques for generations

FINISHING FABRIC
DAICHO CO.,LTD.

「麻の加工といえば〈大長〉」とアパレル業界ではいわれているそうだ。山々に囲まれ、琵琶湖からの湿気が多く、また鈴鹿山脈から溢れ出る清水にも恵まれた近江は、麻の製織、染色、仕上加工に最適な土地。古くは野洲晒しの流れを汲み、近江上布の加工で栄えてきたこの地で、130年前に近江上布の整理加工業を始めたのが〈大長〉の始まり。創始者の曽孫にあたる現在の社長、大橋富美夫さんは、近江上布の伝統工芸士でもある。

晒しとは、生地を柔らかくしたり、染めやすくするために漂白したりすることをいう。日本では古来、麻を着用してきた。麻といっても現在のリネンではなく、大麻や苧麻。そのゴワゴワと硬い繊維を衣類や寝具として成り立たせてきたのは、晒しという加工技術だった。

近江ちぢみは、麻を手揉みによって硬さを和らげる加工だ。まず濡らした生地をソフトボールほどの大きさに丸め、もみ台の上で体重をかけて揉む。時間をかけて丁寧に揉み込むことで、麻の硬さが和らぎ、生地に微細なシワができる。生地の種類によって力や時間のかけ具合が変わるそうだ。次に、ランダムなシワがついた生地の端口を合わせてロープ状に整え、シボ取り板の上にのせ、水をかけながら手で転がす。現在、伝統的な近江ちぢみ加工を

行うところは少なくなっているけれど、シボ取り板は各加工所ごとに素材も彫り模様も異なるそうだ。

「この板を使うようになったのは戦後のこと。戦前はむしろの上で草鞋を手にはめ、作業していたそうです。試してみたら作業はシボ取り板の上でやるよりも楽だったんですが、今の布は糊が多く、むしろがカビてしまう。時代の変化に合わせて、やり方も変わって来たんだな、なるほどと思いましたね」と大橋さん。

仕上げに外で竿にかけて天日干しにすれば、独特の繊細なシボが味わい深い布となる。シボの凹凸で空気の層ができ、シャリ感が出てドライなタッチに。肌に密着せず、さらりと軽いので、真夏でも快適な着心地だ。

「昔は、洗い張り板に貼り付けて干していました。乾くとはらりと落ちてくる。うまくできた仕組みですね。いずれその手法も復活させようと思っています」

地場産業だからこそ機械を使いこなせる

始まりは家業であったのだが、その技術力が広まり、注文が増えるに連れて工場も大きくなっていった。今では一帯に多くの工場を持ち、事務所で加工指図書を作って割り振るほどの規模になっている。生地は機械で効率よく

加工できるようにミシンで縫い繋ぎ、のり抜きや毛羽焼き、精錬といった整理作業をする。それぞれに〈大長〉ならではの高い技術が反映されており、業界の信頼は厚い。すっかり効率化された今は全工程を手揉みでという注文は減っているものの、やはり近江ちぢみの手法でしか出せないナチュラルなシボ形状を求めた注文は多い。

「今はできるところは機械化しています。でもそれは、この産地で技術と工程が身についているからこそできること。同じ機械があってもどこでもできるわけではないのです」

　そう話す大橋さんからは、産地の伝統と誇りが感じられた。

職人の手技を残していきたいという気持ちから生まれたアイテム。120ページは、高密度で織ったコットンリネン生地に近江晒しを行うことで、ハリ感は残しつつ、適度な風合いと柔らかさを出したワンピース。微細な凹凸によって肌に密着せず、ドライなタッチで着心地がよい。近江ちぢみ加工は手揉みだと大きなパーツが作れないため、洋服ではなくショールを製作。太さ違いのリネン糸を平織りしたガーゼに、近江ちぢみ加工を施している。

〈ショーワ〉のロープ染色

「デイリーウェアとして愛されているデニムをリネン100%で作ったら着心地がよいのでは」という案から生まれたリネンデニム。直接別注したのは、デニム産地の岡山県倉敷市児島にある〈ショーワ〉。染め、織りから仕上加工までを一貫して行っている唯一のデニム製造メーカーで、この産地では取り扱わないカシミヤやシルク、ウール、リネンなどの糸を使ったデニムも手掛け、世界で認められている。リサイクルやオーガニック、天然染めをコンセプトとしたエコロジー商品の開発にも力を入れているそう。2005年の秋冬のコレクションからリネンデニム素材を使用しはじめたが、繊細な素材のために生地の目がズレてしまったり、伸びてしまったりというトラブルも多く、試行錯誤しながら密度（糸の本数取り）の調整や最終加工のテストを重ね、ようやく完成。使い込むほどに柔らかくなり、体に馴染んでいく経年変化も楽しめる生地。今ではネストローブを支える、大切な定番素材となっている。

インディゴプリントの〈山陽染工〉

撮影：近藤さな

大正14年に備後藍絣株式会社として創業。インディゴ染の産地としても全国的に知られている広島・備後の地で、従来のやり方に固執せず、絶えず革新を加えながら技術力を高めてきた。藍も生きものであり、湿気や気温、季節でも常に状態が変化する。そのため色をコントロールするのは至難の業だが、職人が培ってきた「目」と「感覚」、そして常に改善を加えてきた生産設備で挑んでいる。一方で、独自開発した生地染用のインディゴ連続染色機による、抜染や着色抜染といった連続加工により、国内でも数少ないインディゴ染の大量生産を可能にしたのも〈山陽染工〉の強み。同時にコストダウンも達成し、特殊プリント技法と組み合わせた付加価値品も提供している。

〈ネストローブ〉の2020AWでは「二段階抜染」というやり方でのプリント生地をオーダー。60番手のリネン単糸の平織り生地をインディゴ染料で地染めし、さらに濃淡2色の顔料抜染によってプリントを施した。

〈フェーデレグノ〉が作るマドラスチェックのテキスタイル

〈ネストローブ／コンフェクト〉のデザインイメージに合わせて生地を提案している、愛知・一宮のテキスタイルメーカー〈フェーデレグノ〉。例えばこのリネンガーゼのマドラスチェックは、濃淡のチラつきを出すために、〈一陽染工〉で中白染めしたリネンの糸を５～７色ほど使用。その糸を製織工場〈浅野毛織〉で整経し、生地に織り上げる。織り上がった生地は〈タグチ〉で目視で確認。リネンはほかの糸に比べて織ることが難しいため、目立ちすぎる節やネップを取り除き、糸が切れた部分を一つ一つ手で補修する。こうして整えた生地を、整理工場〈ソトー一宮営業所〉や〈横山ワッシャー〉において、目指す風合いに向けて仕上げていく。スムーズに織るために糸に付けていた糊を落とし、リネン本来のシャリ感とナチュラルなシワ感を出したり、生地を叩いて強いハリ感をなくし、自然な風合いに仕上げたりするのだ。

〈エルワークス〉のレース刺繍

甘いディテールや涼しげな雰囲気をプラスしたいときに、洋服の裾や襟、袖口などにあしらうエンブロイダリーレース。その製造工程は「準備8割、生産2割」といわれるほど、前準備に膨大な時間が掛かるのだとか。

まずは、1つの糸コーンから最大1040本に小分けして紙管に巻き取って表糸を準備し、次に表糸と同じ数の裏糸（さなぎ状に巻いた糸）を専用のボックスに詰め込む。それから約15mに裁断した生地のミミ同士を3〜4枚繋ぎ合わせて、大きな1枚布の状態にする。これを機械に装填して刺繍を施していくのだが、ここが職人の腕の見せどころ。万が一、生地が曲がっていると刺繍が斜行してしまうため、正確に真っすぐになるよう、2人掛かりで生地をセットする。生地の張り具合も重要で、素材に合わせて刺繍しやすい張力に調整。また、針の装填位置も刺繍の柄出しに影響するため、ミリ単位で確認しながら、糸の太さや柄のサイズに合わせて手作業で慎重に装填する。この針に表糸と裏糸を1本1本、セッティングしていくのだが、1人では何時間もかかってしまうため、工場の人員すべてを動員して準備することが多いのだそう。これでようやく準備完了。その後の機械作業は自動ではあるが、糸切れや糸のテンションむらなどを常にチェックしつつ、次の裏糸の準備も行う。加工後は糸切れなどの箇所をミシンによる手作業で補修。手の動きで刺繍の柄を作るため、熟練した職人しか担当できない工程だ。このように細部にわたって手間をかけているからこその美しい仕上がりなのである。

〈佐藤繊維〉が手がけるアザミ起毛

戦時中から羊の飼育が奨励されてきた山形では、現在も繊維や紡績メーカー、染色業が数多く存在する。素材や編地の開発から製品作りまで手掛ける、産地内一貫生産方式が取り入れられているのが特徴。なかでもニットの生産が盛んな地域として知られている寒河江市で、1932年から紡績業を生業としている紡績・ニットメーカーといえば〈佐藤繊維〉。ウールや獣毛系の特殊形状意匠糸や工業用紡績糸に加え、コットン、リネンといった植物性天然繊維の企画開発にも注力している。ここで手掛けているのが、チーゼルという植物の実のトゲを利用した起毛方法だ。チーゼルが日本のアザミに似ているからか、古くからアザミ起毛と呼ばれている。チーゼルの実が取り付けられたドラム機の中に生地を入れて回し、繊維を掻き出し起毛させることで、針を使った起毛よりも光沢のある柔らかな風合いになり、独特の波模様ができる。

〈中山商店〉と作るペルーウールニット

南米ペルーのアンデス地域、標高約3,800mにあるチチカカ湖のふもとにあるプーノという町では、この地に古くから住むアイマラ族とケチュア族が農業中心の生活を送っている。農作業の合間に、手紡ぎのアルパカやウールの糸を使って手編みしたニット製品は、彼らの大事な副収入。

ペルーのウール糸は、軽くてボリュームがあることが特徴。アンデスの山域にある糸工場の古い機械を使って紡績されており、撚りが甘く、太さが不均一。それを使って手で編むため、個体差のバラ付きは出てしまうが、大量生産品では出せない味のある仕上がりになる。また、ほかの産地の糸に比べると油分や水分が少ないため、見た目はボリュームたっぷりなのに、ふわっと軽やかな着心地。甘撚りの糸には空気がたっぷり含まれているので、保温性に優れているのも利点。

雪晒しを起源とするオゾン脱色

雪晒しとは、新潟県の小千谷縮みや奈良県の奈良晒しなどに見られる伝統的な麻布の漂白方法。日差しが強くなってきた春の始まりの雪解け時期に、雪の上に反物を寝かせることを10日ほど繰り返す。雪は強い直射日光を受けると赤外線の熱作用で解け、水蒸気となって蒸発する。さらに雪の表面の空気は、赤外線の熱作用と雪の反射作用によって高温となり、水蒸気を伴って上昇する。これによって気圧が低下し、空気の回転気流が生じる。水蒸気は、こうした高温低圧の状態の中で紫外線を吸収すると、酸素と窒素が解離しやすくなり、同時にオゾンを生成する。このオゾンが麻の色素と化学反応を起こすことで、漂白するという仕組みだ。

この雪深い土地の自然環境を巧みに使った雪晒しの理論を、現代の化学に応用したのがオゾン脱色。空気中の酸素にプラズマ放電を与えて人工的にオゾンを生成し、低温で繊維とオゾンを反応させて精練漂白を行う。省エネルギーであり、薬品使用量や廃水量、二酸化炭素排出量を低減させることができる。化学薬品で漂白したものと比べて布を傷めず黄ばみも発生せず、白さは数倍長持ちするとか。〈ネストローブ／コンフェクト〉のデニムやブラウスは、オゾン脱色によってウォッシュ加工している。

撮影：永田忠彦
（JALカード会員誌「AGORA」2019年1・2月合併号より）

ネストローブのこだわり

Essence of nest Robe

シャツを買う。
袖を通す。
何度も着る。
洗いを繰り返す。
そうやって
ネストローブのシャツは初めて
「完成」する。

〈ネストローブ／コンフェクト〉の基本理念は、「スローメイド・イン・ジャパン」。着心地を追求した結果、時間をかけて服を作ることにたどり着いた。例えばシャトル機などの低速機を使い、手染めし、天日干しをした生地で、職人が手間暇をかけてじっくりと作ったシャツを、長く時間をかけて着込んでいく。それは着るたびに人の体に馴染んでいき、味が出てくる。やがて、その人だけの一着に仕上がるところまでを含めて、〈ネストローブ／コンフェクト〉は「スローメイド」と呼んでいる。だけど世の中には、効率を上げるためにスピードを重視して作られている服がほとんどだ。ぜひ、着比べてみてほしい。きっと、日本の職人の技術の素晴らしさがわかるだろう。

細かいことを言い出せばきりがないけれど、服を作る過程ではたくさんの選択肢がある。例えば生地は、原糸を染めてから織るものと、織ってから染めるものとがある。原糸から染めるならば、「チーズ染め」や「かせ染め」という方法がある。チーズという大きな糸巻きを機械にいくつもセットすると内側から染料が出てきて、一気に染めることができるのが「チーズ染め」。対して、糸を束にした状態のかせを棒にかけ、染料をかけていくのが「かせ染め」。もちろん「チーズ染め」のほうが、倍ほど効率がいい（もっと効率を考えるなら「ビーム染め」もある）。だけど、〈ネストローブ／コンフェクト〉では「かせ染め」を選ぶ。なぜなら、そのほうが糸にストレスを与えないから。60～80度ほどの染料をかけると、本来なら糸は縮む。だけどチーズに巻いて伸びきった状態だと、縮みたくても縮めない。「かせ染め」ならば、縮みたいときに縮むことができる。糸にとってのストレスがないのだ。それは風合いにも影響するし、着心地にも繋がってくる。

染めた糸を生地に仕立てるにも、織機

や編み機はいろいろある。効率を考えるなら、シャトル織機よりもレピア織機だし、吊り編みよりシンカー編みだ。レピアよりも効率のいいエアジェットなら1日に200mほど織れるけれど、織った布帛生地は伸縮しない。シャトル織機はゆっくりと糸にストレスをかけずに織るため、1日に20mほどしか織れないけれど、生地はわずかに伸縮する。これが服になると、着心地がぐんと変わってくる。カットソー生地とシャツ生地で例えてみるとわかりやすいかもしれない。タイトなデザインの服でも、もし伸び縮みするカットソー生地でできていたなら、腕や肩の動きに添うから動きやすい。

とはいえ、シンカー編みやレピア織機でも、よい風合いの生地ができるならば使う。古くてアナログだからいいというわけではない。無理をして高額な服を作っても、顧客の負担になってしまっては元も子もないと考えている。

さらに言うと、糸に負荷をかけずに作った生地は、洗いをかけるとよく縮む。だから、洋服のサイズを一定に揃えたいときは、縮まない加工をすることが多い。だけど、〈ネストローブ／コンフェクト〉はその生地の風合いを生かしたいから、最初から少し大きめに作る。すると着て洗ってと繰り返すうちに、着る人の体に馴染んでくる。おのずと着心地もよくなっていく。サイズのバラツキは既製品ではデメリットになるけれど、着心地を優先したいという〈ネストローブ／コンフェクト〉の理念が反映されているのだ。

〈ネストローブ／コンフェクト〉の主要アイテムは、リネンの服だ。リネンという素材は丈夫で、コシがあって水に強いので、頻繁に洗濯をしても耐久性がある。洗うたびに柔らかくなり、艶が出てくるので、買いたてよりも2年めのほうが風合いがいい。実際に、10年使い込んだ〈ネストローブ〉のリネンのハンカチは、テロンとした滑らかな風合いで、いかにも肌馴染みがいい。これがコットンなら、とうに破れているだろう。また、リネンの繊維は硬く、芯まで染料が入りにくい。そんな性質を生かして、表面だけを染める「中白染め」という手法で作った服は、着込んでいくと内側の白がちらちらと見えるようになり、それが風合いとなってくる。とにもかくにも、〈ネストローブ／コンフェクト〉の服には、育てる楽しみがあるのだ。

とはいえ、ブランドをスタートした頃は、まだ天然繊維であるリネンが世の中に受け入れられていなかった。植物だからネップや節があるのは当然だし、ロットごとに色も微妙に異なる。それを傷だと言われてしまうことが多かった。これが持ち味なんです、ということを真摯に伝え、納得して買ってもらう必要があった。

前述のように、糸や生地そのものの持ち味を優先するので、生地にゆがみがあるのも当然のこと。しかし、縫製は難しくなるので、高い技術で丁寧に仕立てる必要がある。仕上げのアイロンでごまかすことはできるけれど、買ってくれた人が着て、家で洗って、形崩れしてしまうなんて絶対にNG。だってブランドにとっては300枚のうちの1枚でも、買ってくれた人にとってはたった1枚の服だから。

このように〈ネストローブ／コンフェクト〉の服は、ウンチクが多い。だから販売スタッフには、「無理やり売らないこと。初めての方とは話すだけでいい」と言っているそうだ。ノルマ達成のために売りつけるのではなく、納得して買っていただきたいから、ノルマもない。真面目にものを作っている自信はある。それは、手にとってもらえればわかる、と考えているのだ。

起毛リネンテーラードジャケット

2017.AW–
CONFECT

brushed linen tailored jacket

「リネンを冬に楽しむ」という提案を実現したのが、この起毛リネン。〈コンフェクト〉では2010年から使い始め、顧客の反応や、スタッフ自らが着込んでいくことで得た感覚などをもとにアップデート。平織やツイル（綾織）などベースの生地を変えた起毛リネンを、毎冬のアイテムに使用してきた。2018年以降は、〈AKAI〉の提案によって、40番手双糸平織をジャケットに使用。双糸は単糸よりも起毛を深く掩け、その密度も増すことができるため、滑らかで緻密な風合いとなる。適度の重みや艶もあるため、カジュアルさのなかに、ほどよい上品さを感じさせるのもいいところ。一見ウールジャケットかと思いきや実はリネンなので、着てみると「くたっ」とした力の抜けた雰囲気になる。着込むほどに体に馴染んで着心地がよくなり、「カーディガンのよう」とも表現されるほど。ジャケットでありながらかしこまった堅さがなく、こなれた様子で着こなせるところが、特に大人に好評を博している。また、手洗いが理想だが、ネットに入れて洗濯機でも洗えるのもうれしい限り。リネンなので速乾性があり、着ていて蒸れにくいため、ウール製のジャケットと比べると管理しやすい点も喜ばれている。

CONFECT

起毛リネンバルマカンコート

2014.AW
CONFECT

brushed linen Balmacaan coat

起毛リネンのコートは2010年よりリリースしてきたが、「起毛リネンをできるだけ上品に大人っぽく」という思いから、2014年は初めてツイル（綾織）生地を使用。ツイルは、キャンバス地のような平織りよりも密度を詰めることができ、経糸が表に多く出る分、リネン本来の「艶」を引き出すことができるのだ。しかしその分、重みが出てしまう。着丈を短くし、動きやすいラグランスリーブにするという工夫をしても、万人には受け入れてもらえない。それでも「この重さがいい。この生地感が好き」という意見もあった。そんな少数派の顧客がリネンの意外性に対して興味を持ち、そのよさに共感してくれたことが、現在の〈コンフェクト〉を作ってきたともいえる。そしてスタッフたちは自ら着込むことで、実体験や感想を伝えてきた。重さゆえにシワが落ちやすく、品よくコートらしく見えること。着込むほどに体に馴染んでいく心地よさ。ほどよい保温力。少しずつゆっくりと支持が増えていき、やがて人気商品となった。現在はコートではなく、p68のジャケットへとシフトしているが、現在の暖冬にはリネンコートは適しているため、今後はミドルウェイトの生地での裏地なしのコートを企画していく予定だとか。

confect

リネンショップコート

2009.SS
CONFECT

linen shop coat

「Tシャツの上にリネンコートをばっさりと羽織る」というスタイルを継続的に提案している〈コンフェクト〉が、ファーストシーズンに作ったコートがこちら。このカジュアルなショップコートからスタートし、「もう少しトラッドな雰囲気に」という視点からチェスターコートに変更。そのうえでデザインのディテールを、スタッフと顧客の声を参考にしながら、細かくアップデートしてきた。例えば、前身頃に溝のような縦シワが入りすぎないように、見返し（前を開けたときに見える、前身頃の裏側のパーツ）を大きくしたり、前合わせ位置を低くしたり。また、後身頃のベント（後身頃の裾にある切り込み、裾割りのこと）は、洗濯すると縮んでしまい、吊られたようになってしまうため、なしにしてすっきりさせたり。

ずっと変わらないのは、リネンのシャツ生地を使用していること。シャツ生地をコートにすることで、春から初夏、晩夏にかけても羽織りとして着用できるのだ。また、裏地を付けずに製品洗いで仕上げているため、自宅でも「洗える」コートを実現。今や、〈コンフェクト〉のアイコン的なアイテムとなっている。

"BLESS YOU"

ジェーンバーキン “bless you tee”

2011.AW
Jane Birkin × nest Robe

collaboration T-shirt with Jane Birkin

世界中でファンを魅了しているミュージシャンかつ女優であり、ファッションアイコンでもあるジェーン・バーキン。実は来日のたびに〈ネストローブ〉に来店しては買い物をしていく顧客の一人なのだ。親交のきっかけは、表参道を歩いているときに偶然ショップに入ったこと。マスキュリンなデザインやゆったりとしたサイズ感、リネンの素材感などにひと目惚れし、以来何度も店を訪れているという。2011年の東日本大震災の際には、フランス大使館が在日中のフランス人に「国外退去命令」を出すなか、自費で来日し、無料復興支援ライブを開催。〈ネストローブ〉は、そんなジェーンの勇気とチャリティー精神に敬意を表したくて、コラボTシャツを製作した。日本への愛を込めたメッセージ「Bless you」とサインをプリントした、肌触りのよい上質なオーガニックコットン100%のTシャツは、今もなお、ジェーンの優しさを呼び覚ましてくれる。

リネンデニムカバーオール

2011.AW
CONFECT

linen denim coverall

〈コンフェクト〉が初めてリネンデニムを使用したのが、こちらのカバーオールとパンツ、ベスト。カバーオールのワークウェアらしさを醸し出しているのは、タックボタンやチンストラップ（顎下、首元のベルト）、パッチポケットといった仕様や、服に耐久性を持たせる太めの糸のステッチワーク。ただし、硬い生地を使った武骨な見た目のものが多いカバーオールを、リネンデニムで作ることによって、くったりとした落ち感や艶のある軽やかな雰囲気になっている。体に馴染む着心地もリネンデニムならでは。これが同じ12.5オンスのデニム生地でも、コットンデニムとなるとマットな質感で、ハリのある重厚な表情となる。この違いが面白いところ。デニムという歴史あるクラシックな生地をリネンで作ることで、デニムの持つイメージがぐんと変わるのだ。メンズ服のワーク、ミリタリー、トラッドといったテイストが少しまろやかで柔和な印象になり、日常的に使えるものにアップデートされる。そんな特徴を生かして、〈コンフェクト〉では現在も、ブルゾンやトラウザー、シャツなどを作り続けている。

semohダブルネームプロダクト

2012.AW
semoh × CONFECT

collaboration jacket with semoh

〈セモー〉は、デザイナーの上山浩征氏が立ち上げたブランド。上山氏は、ヨーロッパのヴィンテージをリプロダクトするブランドで、100年前の洋服を100年前のやり方で作るという手法を用いながらも量産することに苦心してきた経験を持つ。だからこそ、現代の洋服を自分たちの生活にどう生み出していくのかを考えていることが、コレクションからじんわりと伝わってくるのだ。声高にものづくりを謳うことはなくとも、過去を知り、古いものをリスペクトしながら、現代のデザインに落とし込む。〈コンフェクト〉ではその姿勢に共感し、〈セモー〉の立ち上げ当初から継続的に仕入れてきた。クラフトを前面に押し出さず、時流の少し先の提案をするというモードな視点も持ち合わせている点が、〈コンフェクト〉の振れ幅ともシンクロすると考えている。

写真は、2012AWの〈セモー〉別注アイテム。袖と身頃に別生地を使うのが〈セモー〉らしいベースのデザインであり、その生地を〈コンフェクト〉の視点でチョイスした。

CONFECT

スビンピマラフィ 裏毛スウェット クルーネックプルオーバー

2020.SS
nest Robe /CONFECT

ruffy suvin pima cotton sweat pullover

インド原産となるスジャータ綿と、カリブ海地域で栽培されている海島綿（シーアイランドコットン）との交配種であり、世界の綿の数％しか収穫できないといわれている希少な超長綿、スビンコットン。同じく超長綿であるピマコットンをブレンドしたスビンピマコットンの糸は、毛羽立ちが非常に少なく、滑らかで柔らかい生地となる。その糸を製造する工程で削り落とされる落ち綿を再利用したのが、スビンピマラフィ。通常のラフィ（落ち綿）を使用した糸に比べ、スビンピマのラフィは繊維が長いため、糸のムラが少ない。そのため、ラフィ特有の粗い質感が適度に抑えられ、スビンピマコットンらしい滑らかな質感も味わえる。

こちらは太めの裏糸を使用していて適度な肉感と膨らみがあり、ニット感覚で着用できるスウェット。クルミと槐（えんじゅ）などの植物から抽出・調合した染料を用いてくすんだ色みを出しつつ、化学的な染色技法もブレンドして色の定着も図っている。デイリーに着て洗ってを繰り返すことで、ゆっくりと色みがフェードしていくのも魅力。

nest Robe

オーガニックコットン×
ホワイトリネン天竺Tシャツ

2016.SS
nest Robe

organic cotton and white linen Tshirt

コットン50%、リネン50%の混紡糸を使用し、ハイゲージで編んだシンプルなクルーネックの八分袖Tシャツ。白いリネンは原草を漂白する必要があり、多くのリネンは化学的な処理を施している。しかしこのTシャツに使用したホワイトリネンは、ベルギー、フランスの良質な原草を、漂白剤を使用せずに真っ白になるまでなめし加工（水中でゆっくりと丁寧に叩いて開繊）したもの。時間をかけてゆっくりと手間をかけた分、環境への負荷が小さく、繊維も傷まずに丈夫なまま。リネンの機能性を持ちながら、シルクのような光沢を持つスーパーファインリネンと呼ばれている。そのホワイトリネンに、超長綿スーピマオーガニックコットンを混紡することで、滑らかで柔らかい抜群の肌触りを実現した。

墨インディゴリネンスモックワンピース

2015.SS
nest Robe

indigo linen smock dress

ブランド10周年を記念して作ったスモックワンピース。1800年後半のフランス羊飼いの作業用スモックをリデザインしている。アンティークスモックというとフランスのものがよく知られているが、ルーツを辿ると18世紀前半のウェールズに遡る。当時はシャツやジャケットを着用した上に着ていたため、ギャザーの分量が多く、サイズも大きいのが特徴。パンツのポケットに手が届くよう、サイドはスリット開きになっているものが多かったが、こちらは現代の女性が着用しやすいよう、サイドにポケットをつけたデザインに。

リネンのなかでも大変細い糸を高密度に織ったハイカウント生地は、フランスのアンティークシーツのような風合いと手触りが魅力。深みのあるカラーにするために、本インディゴ染めをする前に、硫化染め（ブラック）をしている。高密度織りのために染料が入りきらなかった部分があったり、ステッチ部分にアタリが出たりして、アンティークのインディゴ染めアイテムのような雰囲気に。着込むほどに経年変化が楽しめる。

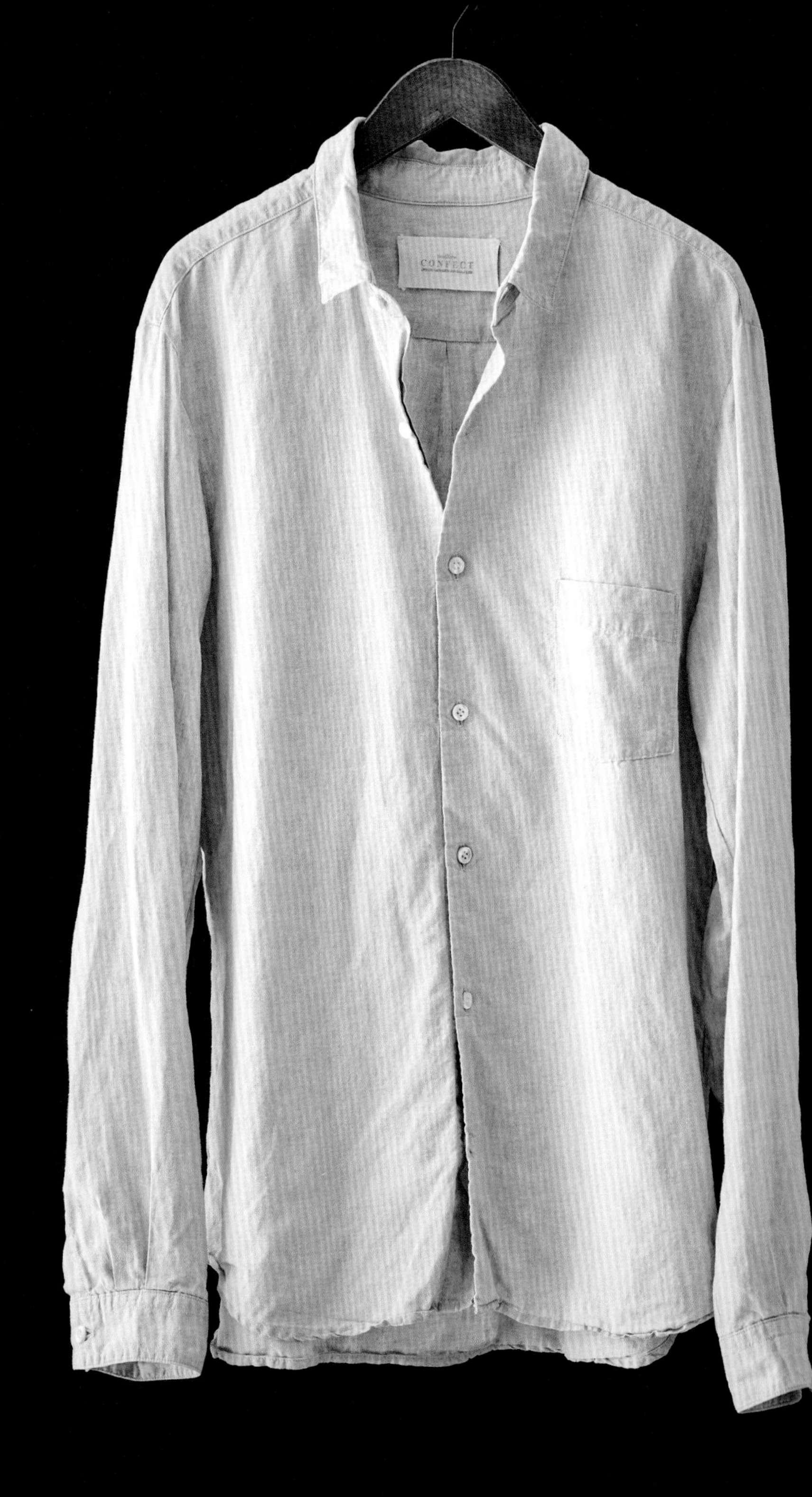
CONFECT

ハイカウントリネンシャツ

2012.AW
CONFECT

high thread count linen shirt

極細のリネン糸を高密度に織ったハイカウントリネンは、ハリと滑らかなタッチ、微かな光沢が特徴の生地。細番手になるほどに、リネン糸の節を取り除くのも難しく、切れやすくなるため製織の難易度も上がる。それゆえ生地は高価になるが、大人っぽく上品なきめの細かさや、滑らかな肌触りの魅力には代えがたい。この生地の質感を主役にするため、縫製や仕様も工夫している。デザインは極力シンプルにし、ステッチを表に極力出さないように、手間のかかる袋縫いを所々採用したり、高級ドレスシャツに見られる細かな運針にしたり。着込んでいくことでより滑らかな肌触りへと変化していくが、ハリは消えずに残るため、形やシルエットをキープできるのも特長。薄手ながら密度が高いので、春夏だけでなく秋冬の装いにも合わせられるため、一年中展開しているベーシックアイテム。

もう8年目にもなるこの古株生地を使って、これまでに〈コンフェクト〉では、レギュラーカラーシャツやテーラードジャケット、トラウザーなどさまざまなアイテムを作ってきた。老若男女問わず、幅広い層の顧客の支持を得ている。

コットンヘンプワイドパンツ

2009.AW
CONFECT

cotton hemp wide pants

〈コンフェクト〉スタート時にリリースしたワイドシルエットのパンツ。この存在感のある太めのテーパードラインがブランドのスタイルのベースとなり、今に至るまでさまざまな素材で作り続けてきた。

写真の生地は、経糸がヘンプ糸で、緯糸がコットン糸の平織り。それぞれ30番手クラスの糸を2本引き揃えて製織し、生地にバイオ加工（特殊な酵素を使って、布地の表面を微生物に食べさせる加工法）を施しているので、一般的なデニムやチノ生地よりもワンランク薄く、柔らかな質感となっている。シャツ生地よりは厚手で、真夏以外は着用できるため、ジャケットやパンツ、ベストにと幅広く展開してきた。

またヘンプは麻の一種で、リネンと比べて繊維質が太く、丈夫で硬いため、どちらかというと硬く粗野な質感というイメージがある。ところが、このアイテムによって経年変化の風合いのよさを実感したうえに、成長が早く、農薬や肥料を必要としないというサスティナブルな素材でもあるので、もっと活用すべく、より滑らかなタッチとなるように加工し、現在も新たなアイテムをリリースしている。

COAT HANGER

スーピマコットンテーラードジャケット／トラウザーズ

2012.AW
CONFECT

supima cotton tailored jacket and pants

綿花の最高級ランクに分類される、超長綿繊維の上質綿であるスーピマコットン。通常のコットン繊維の約1.4倍となる35mm～40mmもの繊維によって、毛羽立ちが非常に少なく滑らかで、しなやかで柔らかな肌触りの生地になる。さらにバイオタンブラー加工を施して表面の毛羽を除去したこの生地は、滑らかな独特の肌触り。一度触るとやみつきになると大好評で、2012年に初めて使用して以降、コートやジャケットもこの素材でリリース。今や、レディース／メンズともにロングセラーとなっている。また、ナイロンのような化繊にも見える質感が、〈ネストローブ〉や〈コンフェクト〉のラインナップのアクセントとなっており、コーディネートの幅を広げてくれる。

縮みが大きい生地なので、製品染めにすると形崩れするリスクがある。それも踏まえたデザインによって、パッカリング（縫製時にできる縫い縮み）や、裏地との縮率差から生まれる裾の膨らみ、生地の動きなどが、カジュアルな味わいとなっている。

リネンバンドカラーシャツ

2005.AW
nest Robe

linen band collar shirts

〈ネストローブ〉で初めて作ったリネンアイテム。根底にあったのは、古き良き時代のスローなライフスタイル。時代を超えて今なおその魅力を放つ、ヴィンテージのようなシャツをオリジナルで作りたいという想いだった。納得のいく生地が見つからず、愛知の尾州に別注することにしたが、まだ店舗数が少なかったために別注するには数が足りず、何度も断られたのだとか。諦めきれずにヴィンテージ生地の見本を持って現地に出向き、「どうしてもこれを作りたい」と頼み込んで、ようやく2反だけ織ってもらえることに。結果、密度の高いリネン100%のオックス（平織）生地ができ上がり、理想に近い風合いを実現できた。

シルエットは1900年代初頭のワークシャツをモチーフにしたもの。いわゆるファッションではなく、作業着として主流だったオーセンテックなシルエットの機能美を表現したかったという。このバンドカラーシャツは、デザインをアップデートして、現在も展開している。

リネンダブルブレストコート

2006.AW
nest Robe

double-breasted linen coat

〈ネストローブ〉秋冬初のリネンコートがこちら。当時はリネン素材で作られた秋冬もののコートは存在せず、創設ディレクターをはじめとしたリネンラバーのスタッフたちがリクエストしていたものの、なかなか実現できずにいたのだそう。粘り強く交渉した結果、ウールの産地でもある愛知の尾州でリネン糸を別注し、リネン100％オックス（平織）の生地を製作。これを使って、一枚仕立てのコートをリリースした。密度が高く、コシのある生地は、冬でも十分暖かな着心地を実現。リネンは糸の中が空洞で、中に空気を含んでいる。この中空性の高さゆえ、保温力に優れており、着てみると意外に暖かいのだ。以降、リネンウールやリネンカシミヤ、起毛リネンといった秋冬のリネン素材を、毎冬開発している。

「リネンは春夏のもの」という既成概念を払拭し、生地からこだわって作ったこのコートは、リネン独特の表情を改めて感じるきっかけに。結果として〈ネストローブ〉のスタイルを作り上げ、ファンを増やすことになった記念すべきアイテムなのである。

SLOWダブルネームプロダクト

2014.SS
SLOW × CONFECT

collaboration bag with SLOW

移り変わりの激しい時流に流されず、ゆっくりと創作を追求していくというスタンスを表現している日本のバッグブランド〈スロウ〉。「自分たちが持ちたくなるものを作る」をコンセプトに、使うほど味わい深くなるもの、ゆっくりと長く愛用できるものを、日本の職人が誇る技術を駆使して創作している。その根底には、独自に解釈した欧米のトラディショナルスタイルがあり、カジュアルながらも品格が漂うデザインにファンが多い。〈コンフェクト〉もまた、過去から受け継がれてきたオーセンティックな定番品を、日本で作り続けていくことを大切にしている。また、シーズンごとに大きな変化を見せるより、素材使いやわずかなデザインのアップデートという質の高い革新によって新しさを提案していくところにも、ブランドとして共感。2011年から継続して展開してきた。こちらは、2014年にリリースしたコラボレーションバッグで、〈コンフェクト〉が選んだ色やレザー使いで仕立てたもの。武骨なくらいのクラフト感やヴィンテージライクなニュアンスがありつつも、今の時代に受け入れられるシンプルで気の利いたデザインに、ブレない軸と柔軟な姿勢という堅実なものづくりの姿勢が感じられる。

グレインサックリメイクトートバッグ

2009.SS
nest Robe

grain sack tote bag

グレインサックとは、100年ほど前にヨーロッパで、穀物を入れて市場に運ぶために使用されていた麻袋のこと。ショップの什器などの買い付けに訪れたイギリスで見つけたのが、おそらくハンガリーのデッドストックのリネン100%のグレインサック。当時は家庭で紡いだ糸で手織りされていたホームスパンであり、現代の高速機で織った生地と比べると地厚で驚くほど丈夫。古いものほどつくりがよいということを再確認し、その存在感や風合いをファッションに取り入れてほしくて、帰国してからバッグにリメイクしたのだそう。グレインサックはイニシャルが入っていたり、ラインが入っていたり、サイズも柄も一点ごとに異なるため、でき上がったバッグもすべて一点もの。貴重な生地を無駄にしないよう、裁断やデザインを工夫して製作した。

15th Anniversary with ONE KILN CERAMICSフリーカップ

2020
nest Robe

collaboration cup with ONE KILN CERAMICS

ブランドの15周年を記念して作ったフリーカップ。製作したのは、「ひとつの窯」を意味する名前を持つ、鹿児島の陶磁器工房〈ワンキルン〉。「食卓に太陽を　THE SUN TO A TABLE」をフィロソフィとして、笑顔とともに暮らす器の提案をさまざまな形で行っている。主に型を使うプロダクトの手法で製作するため、フォルムは端正に揃えられている。写真右が、自ら掘ってブレンドした地元の土から作陶される「CULTIVATE」シリーズ。そして写真左が、桜島の火山灰をさまざまな鉱物と独自に調合した釉薬で仕上げる「ASH」シリーズ。どちらも土地ならではの素材を活用して、オリジナルの色や質感を演出している。日々の暮らしのなかで使いこむほどに、味わい深くなっていく。

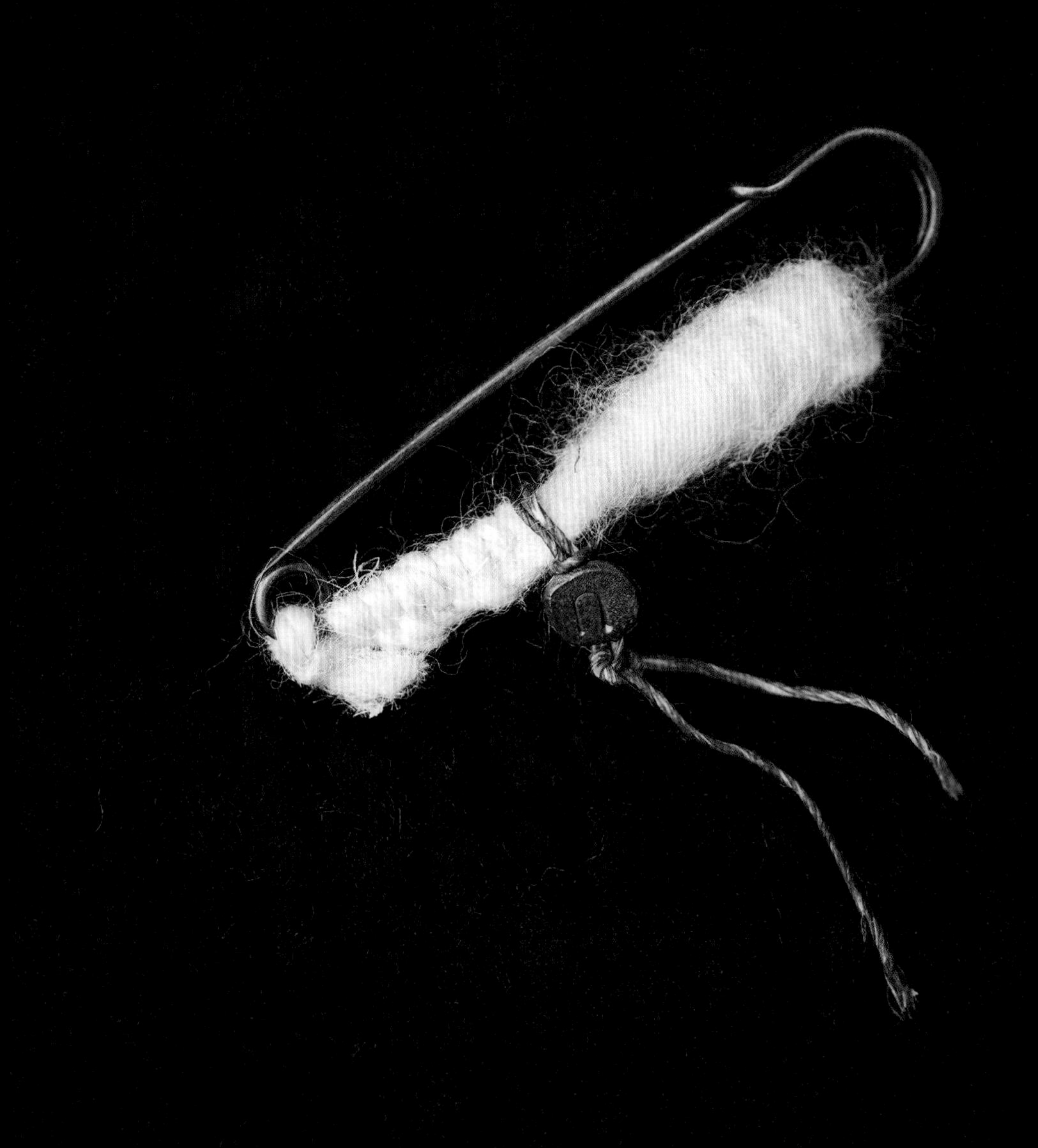

ZORION

2013
feltico × nest Robe

collaboration pin with feltico

花や植物のモチーフを中心に、羊毛フェルトでアクセサリーを製作している羊毛花作家〈フェルティコ〉の麻生順子さん。麻生さんはヨーロッパのハンドメイドフェルト作品に出会ったことをきっかけに、独学で学びながら作家活動を開始。国内のショップで展開するほか、台湾やロンドンのギャラリーやショップなどで個展や企画展を重ね、活躍の場を広げてきた。やさしい色彩と羊毛フェルトの手触り、繊細な表現力に定評があり、小さなブローチから、ウェディング用アクセサリー、ミュージシャンへの衣装提供といった一点もののオーダーメイドまで手掛けている。そんな麻生さんに〈ネストローブ〉のコレクションに合うストールピンをオーダー。ニュージーランド産の羊の原毛をベースに、秋冬のウール糸や綿、麻、リネン、さとうきび繊維の糸といった自然素材のものを組み合わせ、一つ一つ丁寧に手仕事で仕上げられている。そのストールピンは、バスク語で幸運や幸福を意味する「ゾリオン」と名付けられた。

ハチドリリネンスカーフ

2014
bm+e × nest Robe

collaboration scarf with bm+e

アーティストの馬場 恵さん（bm + e）とのコラボレーションアイテム。馬場さんは、植物の形の美しさと機能美に魅了され、植物がその色や形を形成するプロセスや擬態などに着目。伝統的なヨーロッパの博物画の技法を使った銅版画や標本形式での美術作品を発表してきた。また美術作品とは別に、暮らしに溶け込むインテリアグッズやアクセサリーも製作。そんな馬場さんの作風でもある「独自の視点から見つめ直した自然の標本」を、〈ネストローブ〉のオリジナルリネンに大胆にあしらったのが、こちらのスカーフ。幸運を運ぶ「ハチドリ」と自然のモチーフをちりばめたオリジナルの版画プリントには、自然に対する驚きや、自然の美しさを再発見してもらいたいという願いが込められている。ナチュラルな麻のベージュに、ブラック一色のシルクスクリーンプリントがシックな雰囲気。

SANDERSの靴

2008–
nest Robe/CONFECT

SANDERS shoes

〈ネストローブ／コンフェクト〉のコレクションの根底には、実はイギリスのワークウェアをベースにしたスタイルがある。天然素材の心地よい服を、スタイリッシュな印象のレザーシューズで引き締める。そんなコーディネートを提案するのに必須なのが、イギリスの老舗シューメーカー〈サンダース〉。伝統的なグッドイヤー・ウェルト製法を引き継ぎ、ほとんどのパーツを天然素材で作っている。イギリス国防総省に提供されていることからも、その実力と信頼がわかるというもの。

レディースサイズを展開したのは、なんと〈ネストローブ〉が日本では初めて。写真のミリタリーダービーシューズは代表的なモデル。キャップトゥと三本針ステッチが、さりげなくも存在感を発揮する。アッパーはポリッシュ加工されたカーフレザーを使用し、ソールはコマンドソールを採用。コマンドソールはレザーソールよりもグリップ性や耐水性に優れており、雨の日でも滑らずに安心。また、グッドイヤー・ウェルト製法で作られているので、履き込んでいくうちに足裏の形に添ってフィット感が高まっていく。長時間歩いていても疲れにくいと好評。

GLASTONBURY LIMITED

Officine Creativeの靴

2006–
nest Robe

Officine Creative shoes

〈オフィチーネ クリエイティブ〉を手掛ける〈デュカデルノルド社〉は、1968年に設立されたイタリアのシューズメーカー。イタリアの名だたる高級ブランドの生産も請け負うほどの実力を持つ。そんなトップクラスのファクトリーから、デザイナーであるロベルト氏が1995年に立ち上げたブランドが、〈オフィチーネ クリエイティブ〉。「ファッショナブルかつクラシックなスタイル」をコンセプトとし、最新の製造技術を駆使して、上質なオーガニック素材を使った特別なシューズを生産している。新品でありながらユーズドのような雰囲気を醸し出すデザインは、〈ネストローブ〉のコーディネートに欠かせない存在。写真は、15年以上履き込んだもの。上質な靴ならではの経年変化に、本物の風格が漂う。

GMT inc.

サーキュラー・エコノミーが実現するまで

今、フードロスなどが問題視されているが、実はアパレル業界の衣料ロスも深刻だ。商品の定価販売の平均消化率は40%といわれており、残りは廃棄されることも多い。それを販売するためのアウトレットもあるが、アウトレット別注品も増え、定価商品が売れなくなるというデメリットもある。ところが〈ネストローブ／コンフェクト〉の最終消化率は、なんと98%。通常のブランドは、展示会をして発注を受け、数を見込んで多めに作り、売りながら在庫を減らしていく。〈ネストローブ／コンフェクト〉の場合は、最初に作るのは売れると見込んだ数の25%。残りの75%は、店頭での反応を見ながら追加オーダーしていくのだ。それができるのは、工場と直結しているから。こまめにやりとりしながら、売れる分だけを追加オーダーできる。このやり方によって、年間スケジュールが立てられるので、工場の繁忙期と閑散期のムラを減らすこともできる。そもそもが店頭で顧客の声を聞き、それをデザインに反映しているため、売れ行きを外すことが少ない。そして、企画から販売までを一貫して行うから、余計なマージンがのらないため、コストパフォーマンスのよいものを売ることができる。余計な儲けもないから、セールもしない。

それでも、生地の廃棄量の多さは問題だった。最先端の機械と熟練の職人技によって、無駄を限りなくなくすように型取りをしても、必ず原反の30%ほどの裁断くずは出る。それを廃棄するのにもコストはかかるし、糸からこだわった上質で高額な生地ばかりだ。紙に混ぜて買い物袋にするという案もあったが、生産エネルギーがかかり、薬品を使うことが環境に負荷になると考えた。コストも高く、現実的ではない。

そこで最近、撚糸に織り込もうという試みを始めた。裁断くずを細かくして綿の状態にし、オーガニックのバージン綿と一緒に糸に紡ぐ。節が出てしまうし、織りづらく、生地の面が均一に美しくはならない。でも柔らかな手触りで、味のある風合いとなる。普通に糸を作るより手間もコストもかかるが、それを消費者が認めてくれる世の中になってきた。

自社の商品の裁断くずをまた原料とし、商品を作り、自社で売る。おそらく、ここまで自社で完全に循環しているのは、〈ネストローブ／コンフェクト〉だけ。このシリーズをUpcycleLino（アップサイクルリノ）と名付けた。今後も昨今の環境問題に積極的に取り組み、循環型社会を追求していく。

〈T・Mコーポレーション〉で裁断された生地の残り。すべて糸からこだわって織り上げた上質のリネン生地。商品が売れるほどに生産量は増え、したがって裁断くずも増えてしまう。以前は何トンもの裁断くずを業者に引き取ってもらっていたが、今は色ごとにまとめておき、〈新内外綿〉へ送る。

〈新内外綿〉で裁断くずを細かく裁断し、原綿の状態にする。このやり方は企業秘密。裁断くずとはいえ、均一に上質なので、リサイクル糸にしやすいのだとか。実際に触ってみても、普通の綿との違いがわからない。

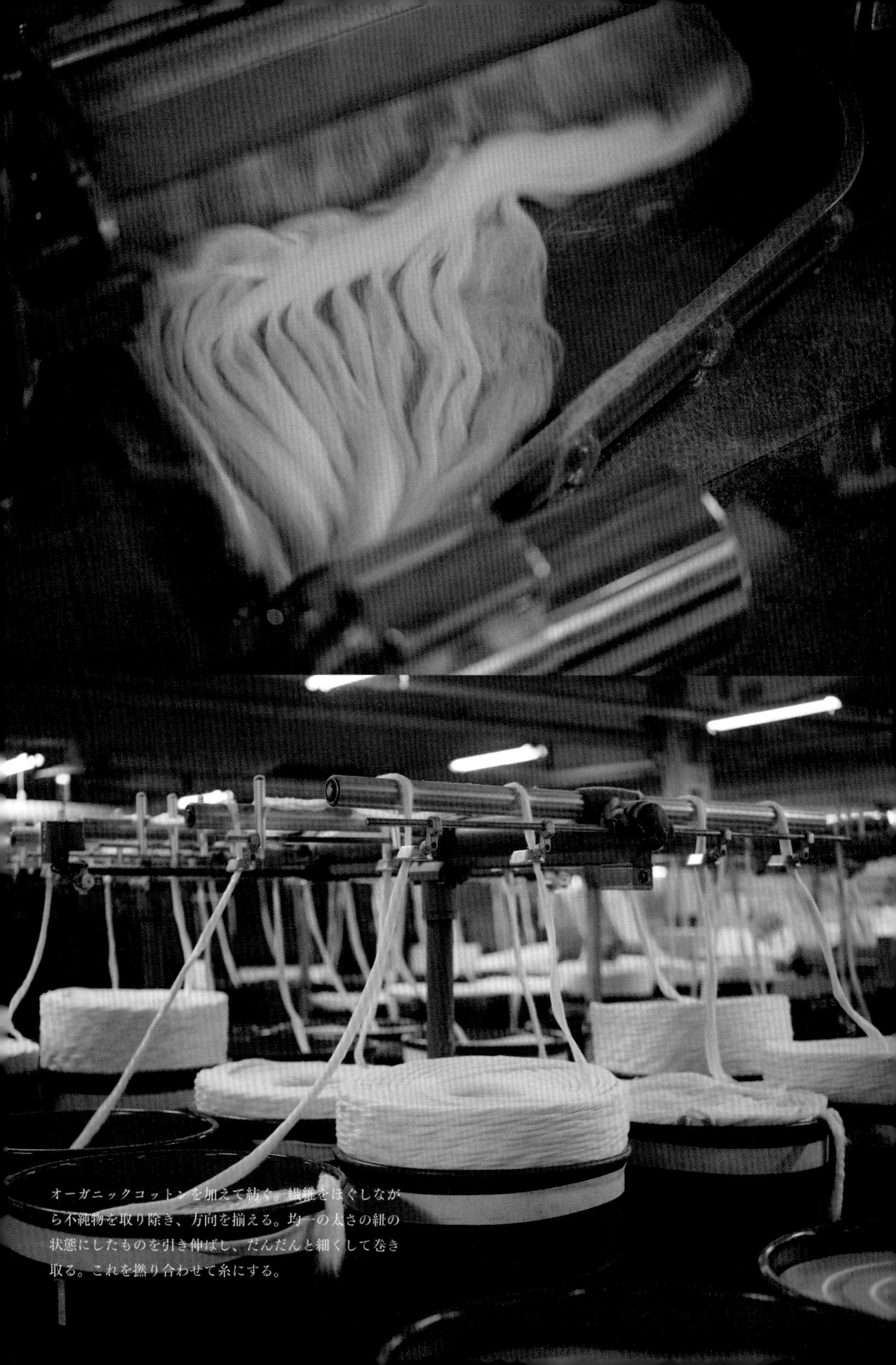

オーガニックコットンを加えて紡ぐ。繊維をほぐしながら不純物を取り除き、方向を揃える。均一の太さの紐の状態にしたものを引き伸ばし、だんだんと細くして巻き取る。これを撚り合わせて糸にする。

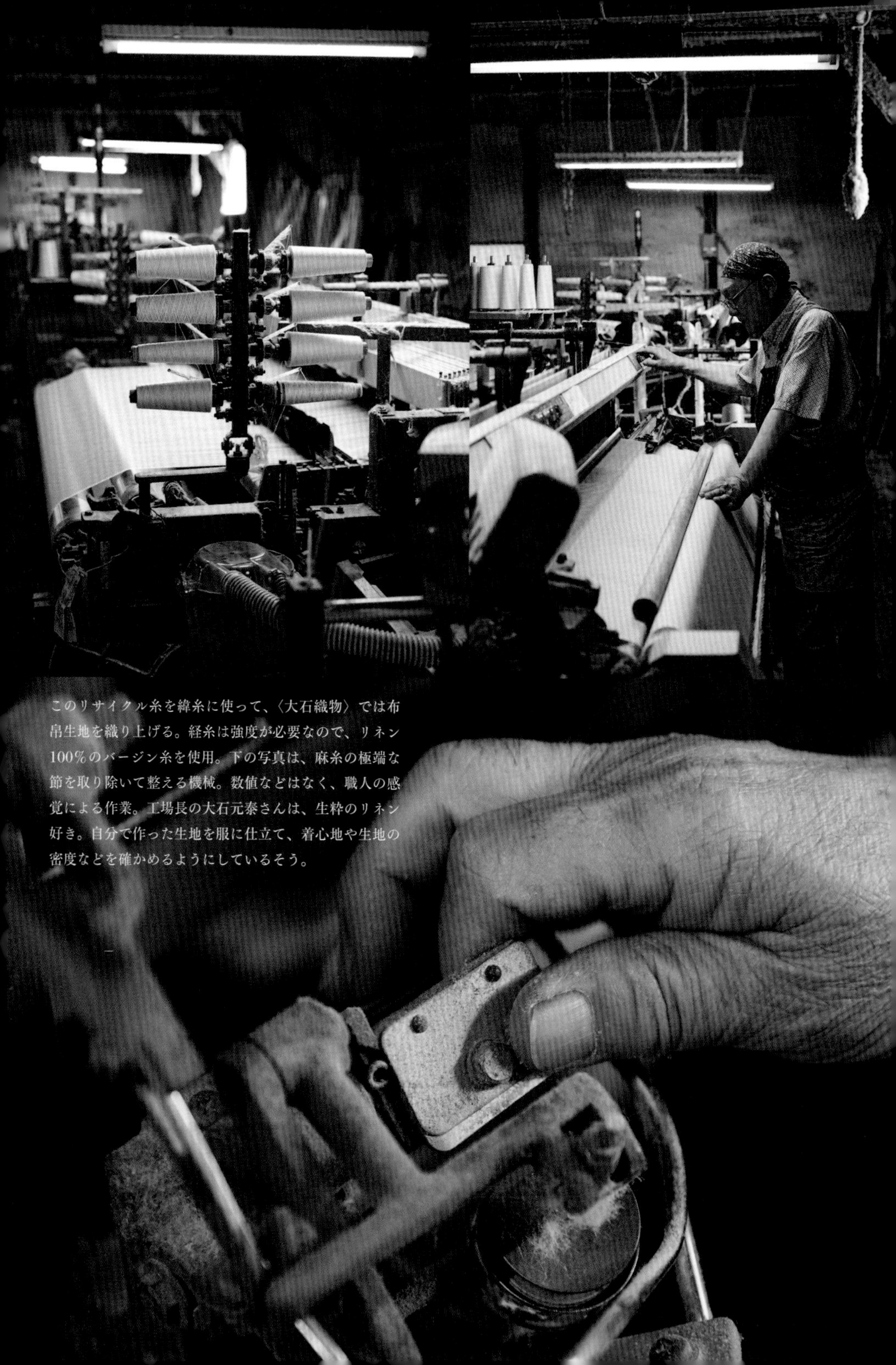

このリサイクル糸を緯糸に使って、〈大石織物〉では布帛生地を織り上げる。経糸は強度が必要なので、リネン100%のバージン糸を使用。下の写真は、麻糸の極端な節を取り除いて整える機械。数値などはなく、職人の感覚による作業。工場長の大石元泰さんは、生粋のリネン好き。自分で作った生地を服に仕立て、着心地や生地の密度などを確かめるようにしているそう。

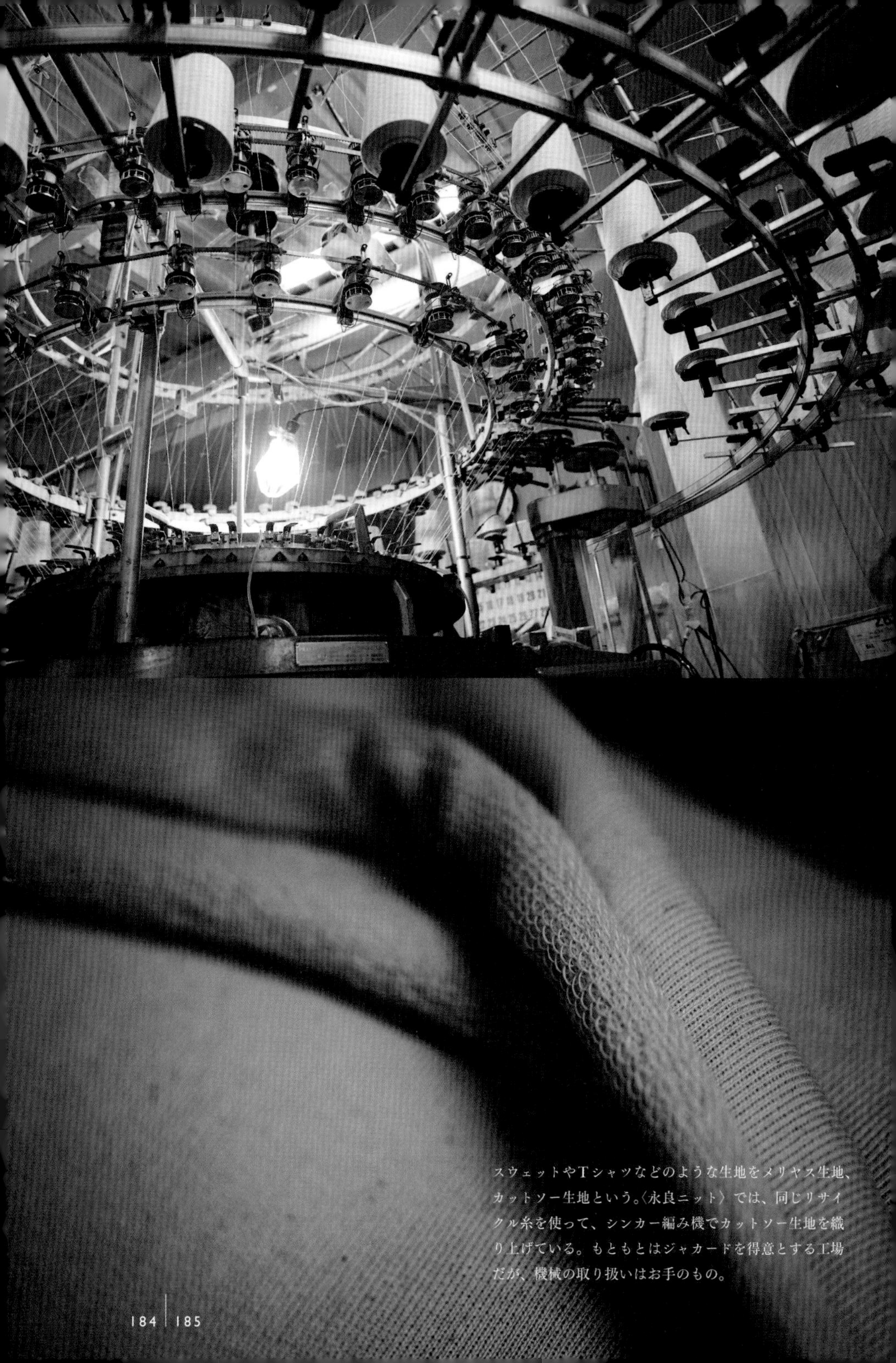

スウェットやTシャツなどのような生地をメリヤス生地、カットソー生地という。〈永良ニット〉では、同じリサイクル糸を使って、シンカー編み機でカットソー生地を織り上げている。もともとはジャカードを得意とする工場だが、機械の取り扱いはお手のもの。

2018年8月、〈ネストローブ／コンフェクト〉のニューヨーク ショールームがオープンした。これは奇跡的にタイミングがあった結果、実現したもの。海外進出を考えていた矢先に、京都店の長年の顧客から「アメリカで〈ネストローブ〉を広めたい」という提案があったのだという。この顧客はもともとニューヨークを拠点としてファッション関係の仕事をしていたこともあり、日本からのバックアップ体制は整えつつも、現地での運営やアメリカでの販促はすべて彼女に一任。ここを拠点として、西海岸地域での展開も視野に入れている。

ショールームはファッションの中心地であるソーホー地区に隣接するノリータというエリアにある。小規模ながらも個性的なブランドのブティックやセレクト

ショップが多く集まるエリザベス通りに位置し、感度の高いニューヨーカーや世界各国からの観光客の注目を集めている。店頭には日本で展開している最新のコレクションアイテムを並べ、試着も可能。ただし、購入はオンラインで。

上質なライフスタイルや天然素材を好む人々に口コミで人気が広まっており、アーティストやデザイナー、富裕層といった人も多く訪れているとか。「どのブランドよりも、リネンの質がよい」「開放感のある着心地」「シンプルで日本らしい落ち着きを感じる」「サスティナブル な取り組みに共感する」といった声も聞かれている。

nest Robe NOLITA, NEW YORK
252 Elizabeth Street, New York, NY 10012 U.S.A.

もともと卸売り事業をしておらず、国内からの引き合いがあった際もすべて断ってきた〈ネストローブ／コンフェクト〉。その理由は、日本国内生産による生産力では、自社店舗分だけで精一杯だったから。ところが、何度断っても「〈ネストローブ〉が大好きだから、自分の店でどうしても販売したい」という熱い想いを数年に亘ってアピールし続けてきたのが中国の広州にあるセレクトショップ〈モリセンス〉。その熱意に負けて、取り扱いがスタートした。数年が経ち、信頼関係ができ上がった頃に、「〈ネストローブ／コンフェクト〉を中国でもっと広めたい」という提案がなされ、中国での独占販売権を許諾。2020年8月には北京店がオープン。また、2019年7月には、〈モリセンス〉主催による〈ネス

トローブ／コンフェクト〉のファッションショーも開催した。会場となった北京「Temple 东景缘」は、古い寺院の趣を残しながらリノベーションし、ショップやレストランとして利用されている施設。この独特な雰囲気のなかで、ブランドの持つ世界観をランウェイショーという形で示したことで、言葉の通じない人々とも価値観を共有できたという実感があったという。ブランドの作り出す世界観やヴィジュアルによって、工場が時間をかけて作り出した素材や服の風合い、質感が、受け止められたことが伝わっているようだ。

nest Robe北京三里屯太古里店
北京市朝阳区三里屯太古里北区NLG-40单元（NLG-40, Taikooli Sanlitun North, Sanlitun Road, Chaoyang, Beijing）

「nest Robe 10th GARDEN」

2015年の3月には、〈ネストローブ〉設立10周年を記念して、〈nest Robe表参道店〉にて「nest Robe10th Anniversary garden」というイベントを開催した。ボタニカルフラワーアーティストで〈Tiny N〉を主宰する花生師、岡本典子さんのプロデュースによって、店内を花や草木で秘密の庭のように演出。「garden tea party」と称して、ハーブティーや紅茶などをサーブしたり、記念アイテムを用意して、顧客への感謝の気持ちを表す期間となった。

新しい姉妹ブランド〈HIGHGROVE〉が
オンラインにてスタート

環境に配慮し、庭師の確かな知識、
経験と技術を駆使しながらじっくり手をかけて丁寧に
造りあげていくオーガニックガーデン。
そのものづくりプロセスが
私たちのものづくり精神と重なることから着想を得て、
〈HIGHGROVE〉と名付けたブランドが
2021年春よりオンラインのみでスタートする。

自然素材を使った日本の上質な布地と
環境にやさしいものづくりの背景を強みに、
服づくりのプロが創造する
〈HIGHGROVE〉のウェアは、
上質を求める大人のためのクオリティウェア。
自然美を意識した控えめな美しさと、
まとうだけで心弾むエフォートレスなデザインで、
第六感を満たし心身を整える。

HIGHGROVE
SLOW MADE IN JAPAN

nest Robe/CONFECT（NEXT Co.,Ltd.）

リネンをはじめとした上質な自然素材を使用し、着心地にこだわったシンプルで実用的な洋服を製作・販売しているブランド。レディースの〈ネストローブ〉からスタートし、メンズの〈コンフェクト〉も手掛けるように。自社の利益を求めるだけでなく、服づくりに関わるすべての人と顧客が幸せになる方法を見つけていきたいと願いながら、日本のものづくりの精神を大切に、一つ一つ丁寧に生産している。商品のほとんどは、昭和25年創業の国内自社工場で縫製。着るほどに体になじみ、自分らしく育てていける洋服が、多くのファンの心を掴んでいる。できるだけ長く愛用してもらいたいという気持ちから、オリジナル商品の修理も有料で承っている。 https://nestrobe.com/

撮影　宮濱祐美子（工場）・衛藤キヨコ（物）、清水奈緒（129-135ページ）、
近藤さな（123ページ）、永田忠彦（128ページ）
装幀　関 宙明（mr.universe）
企画・編集　藤井志織

SLOW MADEな服づくり
2020年10月25日 初版第1刷発行

著者 nest Robe / CONFECT
発行者 長瀬 聡
発行所 株式会社グラフィック社
〒102-0073 東京都千代田区九段北1-14-17
tel.03-3263-4318（代表）／03-3263-4579（編集）
郵便振替 00130-6-114345
http://www.graphicsha.co.jp

印刷・製本／図書印刷株式会社
定価はカバーに表示してあります。
乱丁・落丁本は、小社業務部宛にお送りください。小社送料負担にてお取り替え致します。
著作権法上、本書掲載の写真・図・文の無断転載・借用・複製は禁じられています。
本書のコピー、スキャン、デジタル化等の無断複製は著作権法上の例外を除いて禁じられています。
本書を代行業者等の第三者に依頼してスキャンやデジタル化することは、
たとえ個人や家庭内での利用であっても著作権法上認められておりません。
© nest Robe / CONFECT 2020 Printed in Japan
ISBN978-4-7661-3394-3 C2077

※この書籍は、環境に配慮した用紙を使用しています。